人力资源和社会保障部全国计算机信息高新技术考试

指定教材

Occupational Skill Testing Authority Ministry of MOLSS
全国计算机信息高新技术考试指定教材
OSTA BHP
人力资源和社会保障部职业技能鉴定中心
北京希望电子出版社
Beijing Hope Electronic Press

图形图像处理（Photoshop平台）

Photoshop 7.0/CS 试题汇编

（图像制作员级）

2011年修订版

国家职业技能鉴定专家委员会
计算机专业委员会 编写

科学出版社
www.sciencep.com

内 容 简 介

由人力资源和社会保障部职业技能鉴定中心在全国统一组织实施的全国计算机信息高新技术考试是面向广大社会劳动者举办的计算机职业技能考试，考试采用国际通行的专项职业技能鉴定方式，测定应试者的计算机应用操作能力，以适应社会发展和科技进步的需要。

本书包含了全国计算机信息高新技术考试图形图像处理模块（Photoshop 平台）Photoshop 7.0/CS 图像制作员级考试试题库的全部试题，经国家职业技能鉴定专家委员会计算机专业委员会审定，考生考试时所做题目从中随机抽取。本书既可供正式考试时使用，也可供考生考前练习之用，是参加图形图像处理模块（Photoshop 平台）Photoshop 7.0/CS 图像制作员级考试的考生人手一册的必备技术资料。本书供考评员和培训教师在组织培训、操作练习和自学提高等方面使用。

本书还可供广大读者学习 Photoshop 图形图像制作知识、自测 Photoshop 图形图像制作技能使用，也是各级各类大中专院校、技校、职高作为 Photoshop 应用技能培训与测评的参考书。为方便考生练习，全部的题库素材将在高新考试教材服务网（www.citt.org.cn）上提供。

需要本书或技术支持的读者，请与北京清河 6 号信箱（邮编：100085）销售部联系，电话：010-62978181（总机）、010-82702665，传真：010-82702698，E-mail：bhpjc@bhp.com.cn。体验高新技术考试教材及其网络服务，请访问 www.bhp.com.cn 或 www.citt.org.cn 网站。

图书在版编目（CIP）数据

图形图像处理（Photoshop 平台）Photoshop7.0/CS 试题汇编 ：2011 版. 图像制作员级 /国家职业技能鉴定专家委员会计算机专业委员会编写. --北京 ：科学出版社, 2011.6

（人力资源和社会保障部全国计算机信息高新技术考试指定教材）

ISBN 978-7-03-030792-7

Ⅰ. ①图… Ⅱ. ①国… Ⅲ. ①图像处理软件，Photoshop 7.0/CS－技术培训－试题 Ⅳ. ①TP391.41-44

中国版本图书馆 CIP 数据核字(2011)第 067490 号

责任编辑：石文涛　周鹏举 / 责任校对：韩培付
责任印刷：昌　联　　　　 / 封面设计：张　洁

科学出版社 出版
北京东黄城根北街 16 号
邮政编码：100717
http://www.sciencep.com

北京昌联印刷有限公司印刷

科学出版社发行　各地新华书店经销

*

2011 年 6 月第　1　版　开本：787mm×1092mm 1/16
2011 年 6 月第 1 次印刷　印张：10.5（彩插 22 面）
印数：1—3 000　字数：249 千字

定价：39.80 元

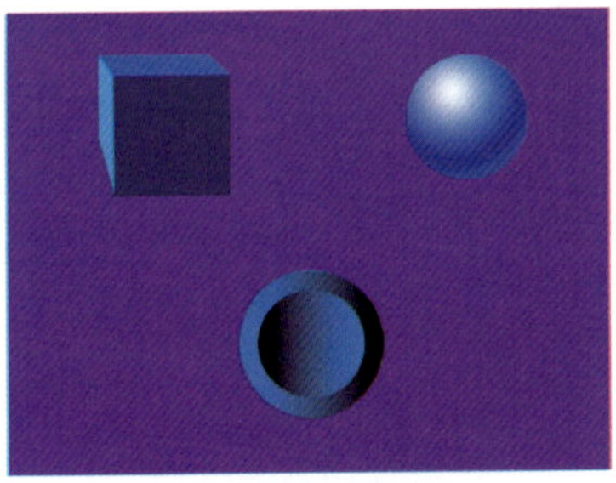

Xps1-01

Xps1-02

Xps1-03

Xps1-04

Xps1-05

Xps1-06

Xps1-07

Xps1-08

Xps1-09

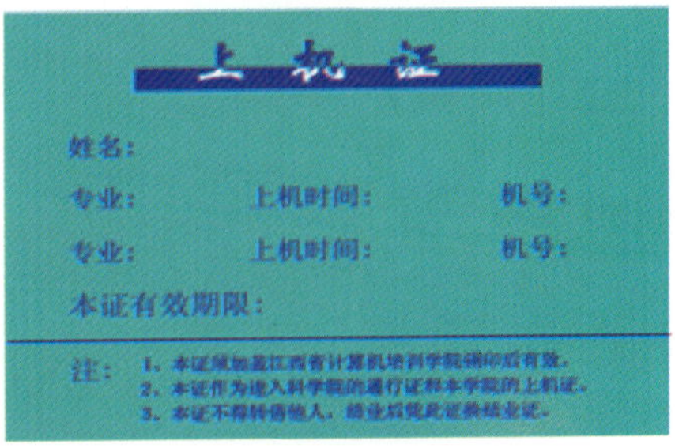

Xps1-10

Xps1-11

Xps1-12

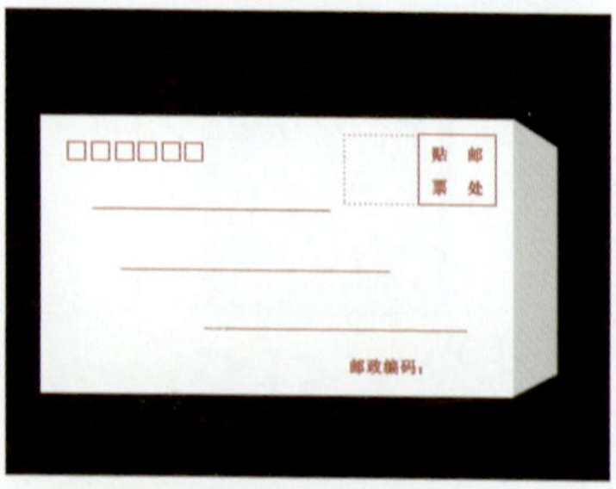

Xps1-13

Xps1-14

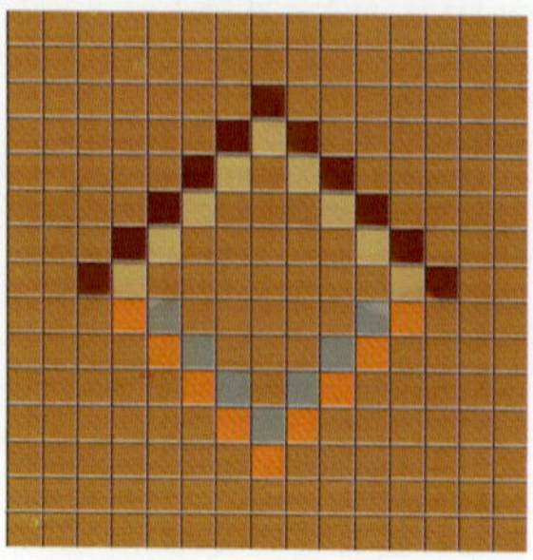

Xps1-15

Xps1-16

Xps1-17

Xps1-18

Xps1-19

Xps1-20

Xps2-01

Xps2-02

Xps2-03

Xps2-04

Xps2-05

Xps2-06

Xps2-07

Xps2-08

Xps2-09

Xps2-10

Xps2-11

Xps2-12

Xps2-13

Xps2-14

Xps2-15

Xps2-16

Xps2-17

Xps2-18

Xps2-19

Xps2-20

Xps3-01

Xps3-02

Xps3-03

Xps3-04

Xps3-05

Xps3-06

Xps3-07

Xps3-08

Xps3-09

Xps3-10

Xps3-11

Xps3-12

Xps3-13

Xps3-14

Xps3-15

Xps3-16

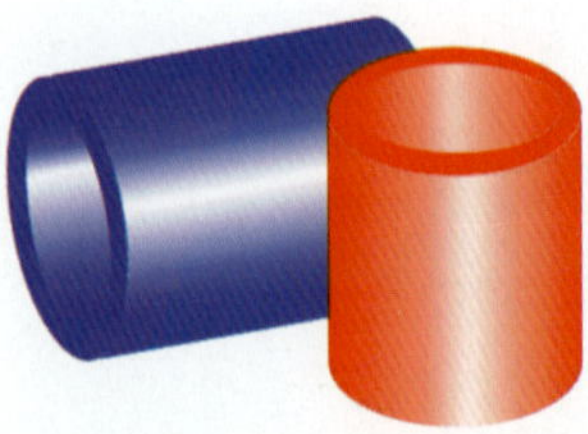

Xps3-17

Xps3-18

Xps3-19

Xps3-20

Xps4-01

Xps4-02

Xps4-03

Xps4-04

Xps4-05

Xps4-06

Xps4-07

Xps4-08

Xps4-09

Xps4-10

Xps4-11

Xps4-12

Xps4-13

Xps4-14

Xps4-15

Xps4-16

Xps4-17

Xps4-18

Xps4-19

Xps4-20

Xps5-01

Xps5-02

Xps5-03

Xps5-04

Xps5-05

Xps5-06

Xps5-07

Xps5-08

Xps5-09

Xps5-10

Xps5a-11

Xps5b-11

Xps5-12

Xps5-13

Xps5-14

Xps5-15

Xps5-16

Xps5a-17

Xps5b-17

Xps5-18

Xps5a-19

Xps5b-19

Xps5-20

Xps6a-01

Xps6b-01

Xps6c-01

Xps6a-02

Xps6b-02

Xps6c-02

Xps6a-03

Xps6b-03

Xps6c-03

Xps6a-04

Xps6b-04

Xps6c-04

Xps6a-05

Xps6b-05

Xps6c-05

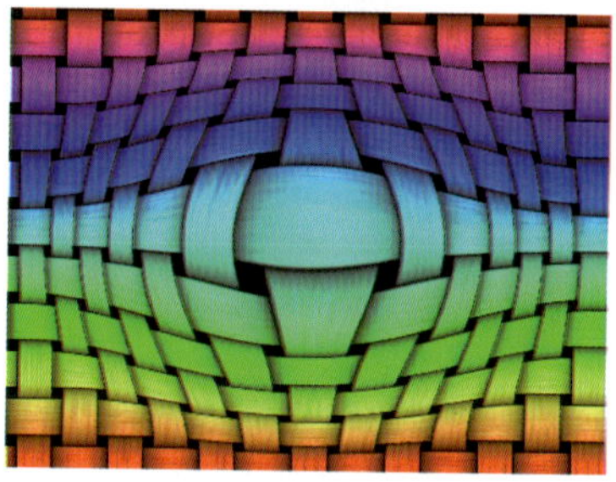

Xps6a-06

Xps6b-06

Xps6c-06

Xps6a-07

Xps6b-07

Xps6c-07

Xps6a-08

Xps6b-08

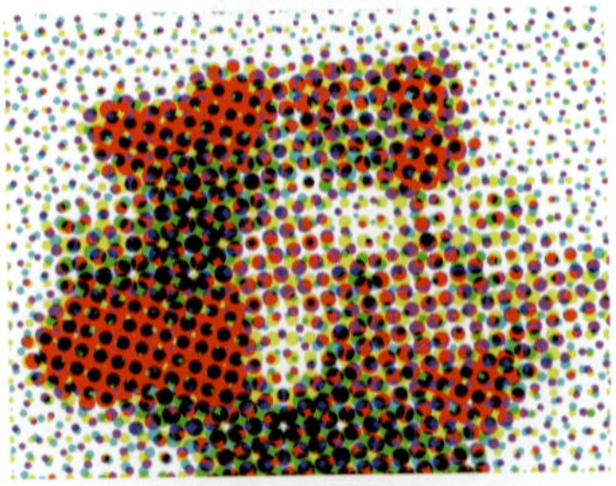

Xps6c-08

Xps6a-09

Xps6b-09

Xps6c-09

Xps6a-10

Xps6b-10

Xps6c-10

Xps6a-11

Xps6b-11

Xps6c-11

Xps6a-12

Xps6b-12

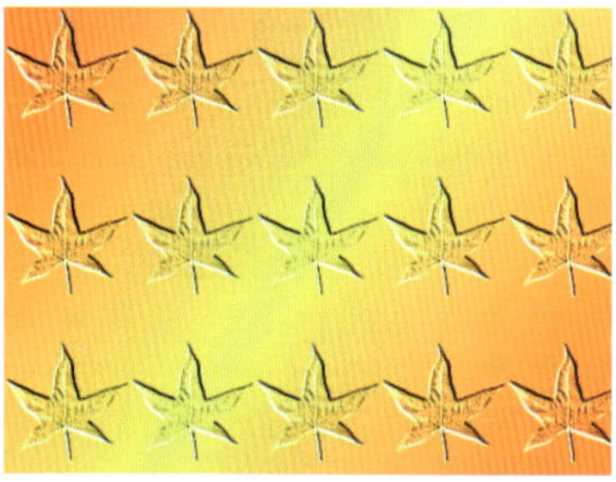
Xps6c-12

Xps6a-13

Xps6b-13

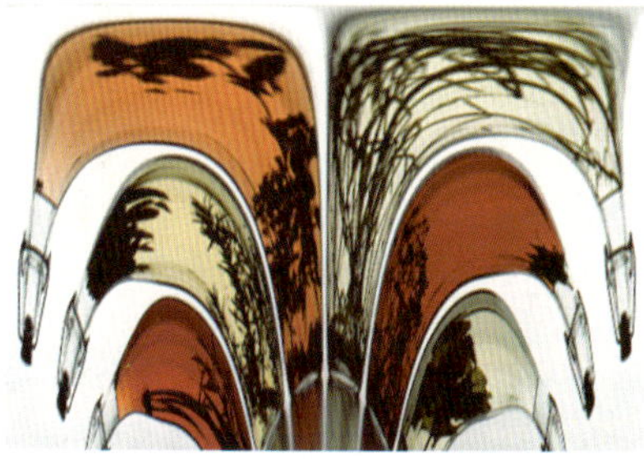
Xps6c-13

Xps6a-14

Xps6b-14

Xps6c-14

Xps6a-15

Xps6b-15

Xps6c-15

Xps6a-16

Xps6b-16

Xps6c-16

Xps6a-17

Xps6b-17

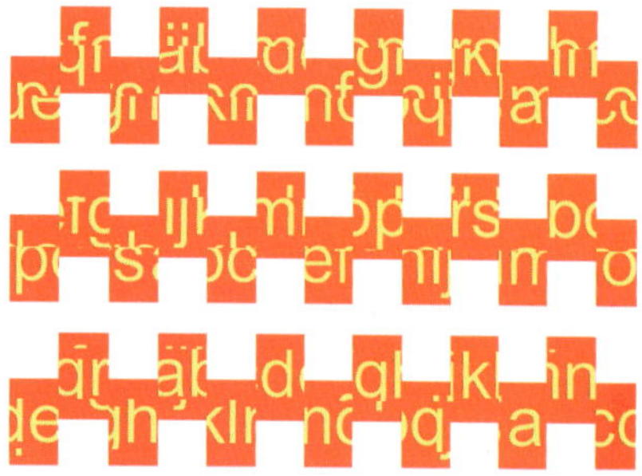

Xps6c-17

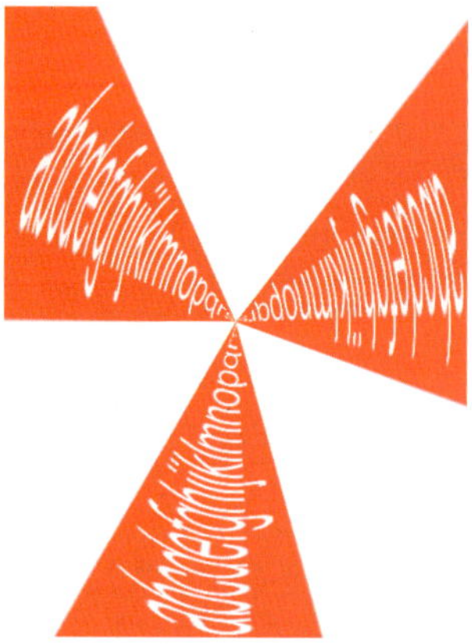

Xps6a-18

Xps6b-18

Xps6c-18

Xps6a-19

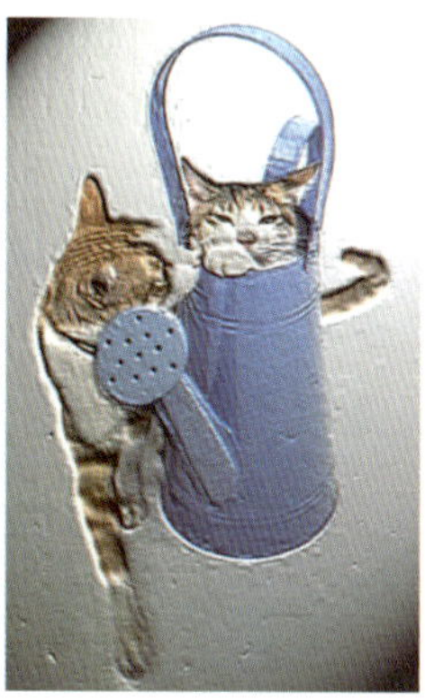

Xps6b-19

Xps6c-19

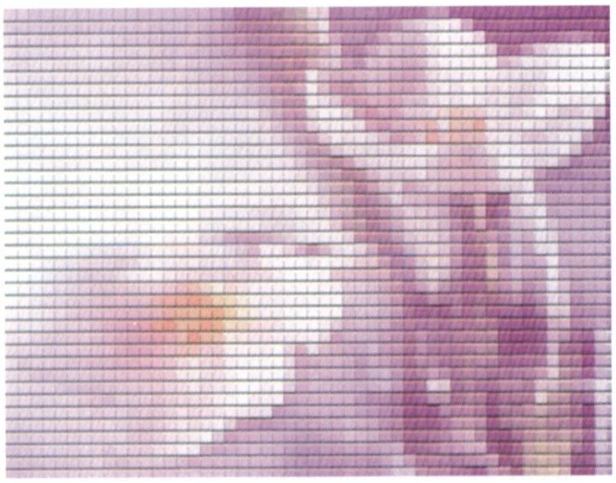

Xps6a-20

Xps6b-20

Xps6c-20

Xps7-01

Xps7-02

Xps7-03

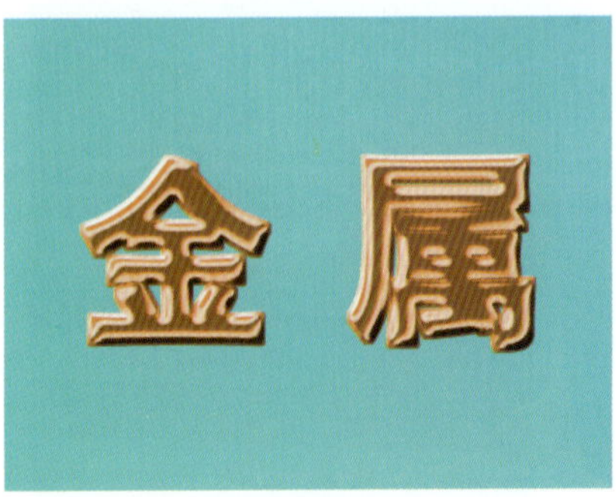

Xps7-04

Xps7-05

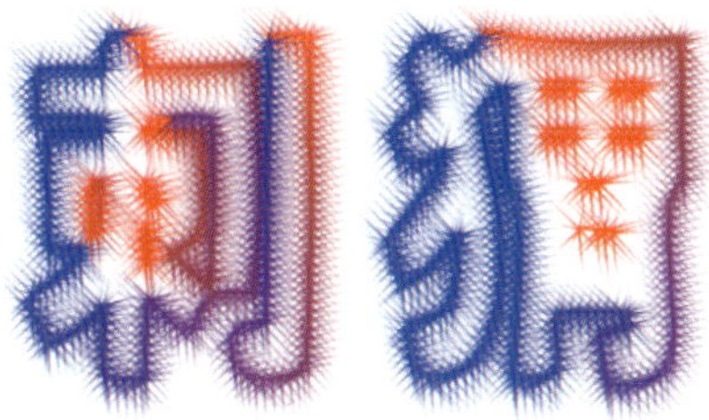

Xps7-06

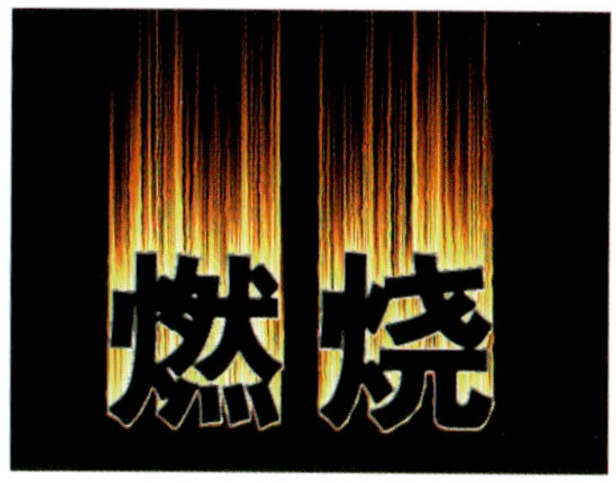

Xps7-07

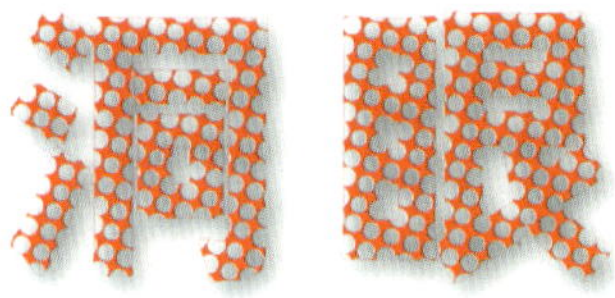

Xps7-08

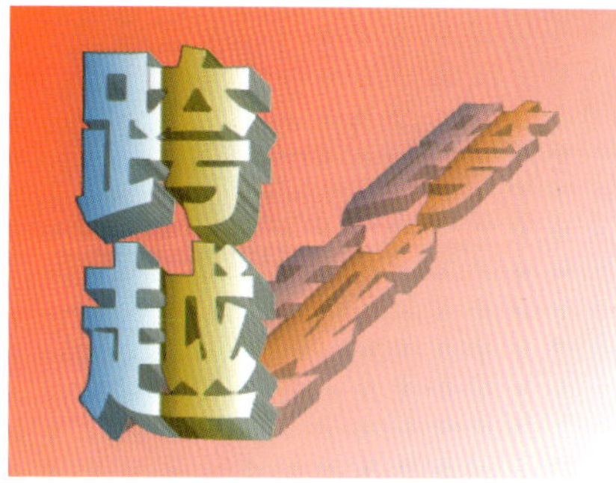

Xps7-09

Xps7-10

Xps7-11

Xps7-12

Xps7-13

Xps7-14

Xps7-15

Xps7-16

Xps7-17

Xps7-18

Xps7-19

Xps7-20

Xps8-01

Xps8-02

Xps8-03

Xps8-04

Xps8-05

Xps8-06

Xps8-07

Xps8-08

Xps8-09

Xps8-10

Xps8-11

Xps8-12

Xps8-13

Xps8-14

Xps8-15

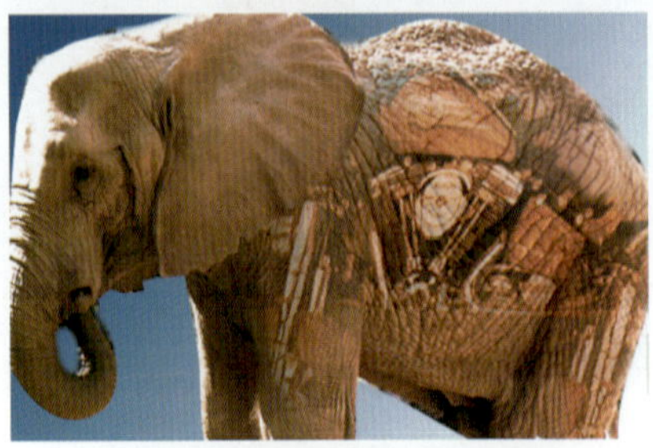

Xps8-16

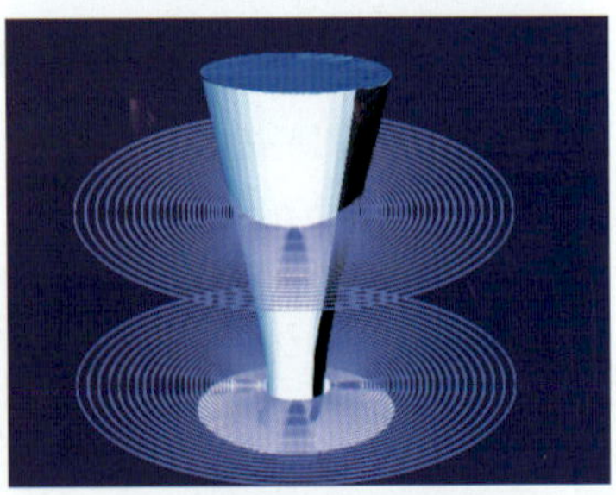

Xps8-17

Xps8-18

Xps8-19

Xps8-20

国家职业技能鉴定专家委员会

计算机专业委员会名单

全国计算机信息高新技术考试

图形图像处理（Photoshop 平台）图像制作员级考试

命题组成员

奚　昕　金志农　顾　霞　王　琦

李　霞　罗　军　段之颖　石文涛

韩培付　周鹏举　杨　莉

全国计算机信息高新技术考试简介

全国计算机信息高新技术考试是劳动和社会保障部为适应社会发展和科技进步的需要，提高劳动力素质和促进就业，加强计算机信息高新技术领域新职业、新工种职业技能鉴定工作，授权劳动和社会保障部职业技能鉴定中心在全国范围内统一组织实施的社会化职业技能考试。根据劳动和社会保障部职业技能开发司、劳动和社会保障部职业技能鉴定中心劳培司字[1997]63 号文件，“考试合格者由劳动和社会保障部职业技能鉴定中心统一核发计算机信息高新技术考试合格证书。该证书作为反映计算机操作技能水平的基础性职业资格证书，在要求计算机操作能力并实行岗位准入控制的相应职业作为上岗证；在其他就业和职业评聘领域作为计算机相应操作能力的证明。通过计算机信息高新技术考试，获得操作员、高级操作员资格者，分别视同于中华人民共和国中级、高级技术等级，其使用及待遇参照相应规定执行；获得操作师、高级操作师资格者参加技师、高级技师技术职务评聘时分别作为其专业技能的依据”。

开展这项工作的主要目的，就是为了推动高新技术在我国的迅速普及，促使其得到推广应用，提高应用人员的使用水平和高新技术装备的使用效率，促进生产效率的提高；同时，对高新技术应用人员的择业、流动提供一个应用水平与能力的标准证明，以适应劳动力的市场化管理。

根据职业技能鉴定要求和劳动力市场化管理需要，职业技能鉴定必须做到操作直观、项目明确、能力确定、水平相当且可操作性强的要求。因此，全国计算机信息高新技术考试采用了一种新型的、国际通用的专项职业技能鉴定方式。根据计算机不同应用领域的特征，划分模块和系列，各系列按等级分别独立进行考试。

目前划分了五个级别：

序号	级别	与国家职业资格对应关系
1	高级操作师级	中华人民共和国职业资格证书国家职业资格一级
2	操作师级	中华人民共和国职业资格证书国家职业资格二级
3	高级操作员级	中华人民共和国职业资格证书国家职业资格三级
4	操作员级	中华人民共和国职业资格证书国家职业资格四级
5	初级操作员级	中华人民共和国职业资格证书国家职业资格五级

目前划分了 15 个模块，38 个系列：

序号	模块	模块名称	编号	平台
1		初级操作员	001	Windows/Office
2	00	办公软件应用	002	Windows 平台（MS Office）
			003	Windows 平台（WPS）
3	01	数据库应用	011	FoxBASE+平台
			012	Visual FoxPro 平台
			013	SQL Server 平台
			014	Access 平台
4	02	计算机辅助设计	021	AutoCAD 平台
			022	Protel 平台
5	03	图形图像处理	031	3D Studio 平台
			032	Photoshop 平台

续表

序号	模块	模块名称	编号	平台
5	03	图形图像处理	034	3D Studio MAX 平台
			035	CorelDRAW 平台
			036	Illustrator 平台
6	04	专业排版	041	方正书版、报版平台
			042	PageMaker 平台
			043	Word 平台
7	05	因特网应用	051	Netscape 平台
			052	Internet Explorer 平台
			053	ASP 平台
8	06	计算机中文速记	061	听录技能
9	07	微型计算机安装调试维修	071	IBM-PC 兼容机
10	08	局域网管理	081	Windows NT 平台
			082	Novell NetWare 平台
11	09	多媒体软件制作	091	Director 平台
			092	Authorware 平台
12	10	应用程序设计编制	101	Visual Basic 平台
			102	Visual C++平台
			103	Delphi 平台
			104	Visual C#平台
13	11	会计软件应用	111	用友软件系列
			112	金蝶软件系列
14	12	网页制作	121	Dreamweaver 平台
			122	Fireworks 平台
			123	Flash 平台
			124	FrontPage 平台
15	13	视频编辑	131	Premiere 平台
			132	After Effects 平台

根据计算机应用技术的发展和实际需要，考核模块将逐步扩充。

全国计算机信息高新技术考试密切结合计算机技术迅速发展的实际情况，根据软硬件发展的特点来设计考试内容和考核标准及方法，尽量采用优秀国产软件，采用标准化考试方法，重在考核计算机软件的操作能力，侧重专门软件的应用，培养具有熟练的计算机相关软件操作能力的劳动者。在考试管理上，采用随培随考的方法，不搞全国统一时间的考试，以适应考生需要。向社会公开考题和答案，不搞猜题战术，以求公平并提高学习效率。

全国计算机信息高新技术考试特别强调规范性，劳动和社会保障部职业技能鉴定中心根据“统一命题、统一考务管理、统一考评员资格、统一培训考核机构条件标准、统一颁发证书”的原则进行质量管理，每一个考核模块都制定了相应的鉴定标准和考试大纲，各地区进行培训和考试都执行统一的标准和大纲，并使用统一教材，以避免“因人而异”的随意性，使证书获得者的水平具有等价性。为适应计算机技术快速发展的现实情况，不断跟踪最新应用技术，还建立了动态的职业鉴定标准体系，并由专家委员会根据技术发展进行拟定、调整和公布。

考试咨询网站：www.citt.org.cn　培训教材咨询电话：010-82702660，010-62978181

出 版 说 明

全国计算机信息高新技术考试是根据原劳动部发［1996］19号《关于开展计算机信息高新技术培训考核工作的通知》文件，由人力资源和社会保障部职业技能鉴定中心统一组织的计算机及信息技术领域新职业国家考试。

根据职业技能鉴定要求和劳动力市场化管理需要，职业技能鉴定必须做到操作直观、项目明确、能力确定、水平相当且可操作性强的要求。因此，全国计算机信息高新技术考试采用了一种新型的、国际通用的专项职业技能鉴定方式。根据计算机不同应用领域的特征，划分了模块和平台，各平台按等级分别独立进行考试，应试者可根据自己工作岗位的需要，选择考核模块和参加培训。

全国计算机及信息高新技术考试特别强调规范性，人力资源和社会保障部职业技能鉴定中心根据“统一命题、统一考务管理、统一考评员资格、统一培训考核机构条件标准、统一颁发证书”的原则进行质量管理。每一个考试模块都制定了相应的鉴定标准和考试大纲，各地区进行培训和考试都执行统一的标准和大纲，并使用统一教材，以避免“因人而异”的随意性，使证书获得者的水平具有等价性。

为保证考试与培训的需要，每个模块的教材由两种指定教材组成。其中一种是汇集了本模块全部试题的《试题汇编》，一种是用于系统教学使用的《培训教程》。

本书是劳动和社会保障部全国计算机信息高新技术考试图形图像处理（Photoshop 平台）图像制作员级考试试题库的试卷部分，由图形图像处理（Photoshop 平台）图像制作员级考试命题组编写，国家职业技能鉴定专家委员会计算机专业委员会审定。

本书根据《全国计算机信息高新技术考试图形图像处理技能培训和鉴定标准》及《图形图像处理模块（Photoshop 平台）图像制作员级考试大纲》编写，供各考试站组织培训、考试使用。本书汇集了全部试题，分8个单元，其中每一个单元均包含20道题，共160道题。考试时，考生根据选题单上的题号，选择题目，按照操作要求和样文，调用计算机中考试前已安装的题库电子文件，完成相应题目。因此，只要熟练掌握本书中的全部试题，并在考试时正常发挥，一定能通过考试。这样，通过事先大量的练习，可达到使考生既通过考试，又熟练掌握计算机应用技能的目的。

本书也能为社会各界组织计算机应用考试、检测图形图像制作能力提供考试支持，为各级各类学校组织计算机教学与考试提供题源，为自学者提供学习的主要侧重点和实际达到能力的检测手段。

本书是《图形图像处理（Photoshop 平台）Photoshop 5.0/5.5/6.0/7.0 试题汇编（图像制作员级）》（CX-4187）一书的修订版。本次修订工作主要是对书和素材（盘）中发现的文字错误做了改正，有些叙述不清楚、不准确、不妥当的地方也加以处理。我们力求使本书达到尽善尽美，相信我们的努力会给广大使用者带来更大的方便。

关于本书的不足之处，敬请批评指正。

技术支持说明

本书根据《全国计算机信息高新技术考试图形图像处理技能培训和鉴定标准》及《图形图像处理（Photoshop 平台）考试大纲》编写，供各考试站组织培训、考试使用。本书汇集了全国计算机信息高新技术考试图形图像处理模块（Photoshop 平台）图像制作员级考试的全部试题，共 160 题，分 8 个单元，每个单元 20 道题，正式考试时，由考试管理机构为每个考生随机在每个单元中抽取一道题号，共抽 8 道题，形成选题单，交考试站。考试时，考生根据选题单上的单元和题号，选定本书中的相应题目，调用事先安装好的考试文件，按照要求完成操作，并将结果存盘，以供判分。

与本书配套的有练习题库光盘一张（另售），其中包括考试题库 40%的试题电子文件，可供自学的读者练习时使用。

为了更好地推广全国计算机信息高新技术考试这一先进、有效的考试方式，江西省科学院计算机培训中心将面向社会提供技术支持，协助各考试中心和考试站搞好考试，支持各种教学培训机构组织教学与测评，为学习者解答疑难问题，与社会各界进行合作，共同将计算机应用技能的普及与提高工作搞得更好。

江西省科学院计算机培训中心技术支持办法

电话：0791-8314814、8331919

通信地址：江西省南昌市上坊路 108 号

邮政编码：330029

E-mail: ctcjxas@public.nc.jx.cn

目　录

第一单元　点阵绘图

1.1　第 1 题

【操作要求】

建立一个新文件：16×12 cm、72 pixels/inch、RGB 模式，最终效果如下图所示。

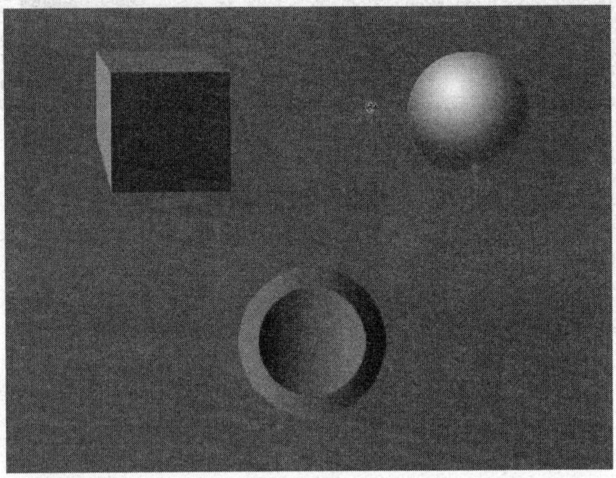

（参见附图 Xps1-01.tif）

1．将背景填充为紫色。通过绘制三个侧面的选区，再分别填充上不同的颜色来制作出第一个立体形状。

2．用选择工具画一正圆，并填充白、蓝的渐变色填充。

3．用选择工具分别画出两正圆，用白、黑的渐变色填充。最终制作出如上所示的几种基本立体与按钮形状。

4．将最终结果以 Xps1-01.tif 为文件名保存在考生文件夹下。

1.2　第 2 题

【操作要求】

建立一个新文件：16×12 cm、72 pixels/inch、RGB 模式，最终效果如下图所示。

（参见附图 Xps1-02.tif）

1．调出文件 C:\2003PS7\Yps1-02.tif，如下图所示。

Yps1-02.tif

2．将图像全部选定并复制到新文件中，用绘图工具修饰图像色彩使之更加鲜艳。从基本路径形状中找到相应的形状，经过处理后描上白色的边。

3．输入英文字母：green，填充白色，并做出相应的立体效果。最终制作出如上所示的标志效果。

4．将最终结果以 Xps1-02.tif 为文件名保存在考生文件夹下。

1.3 第 3 题

【操作要求】

建立一个新文件：16×12 cm、72 pixels/inch、RGB 模式，最终效果如下图所示。

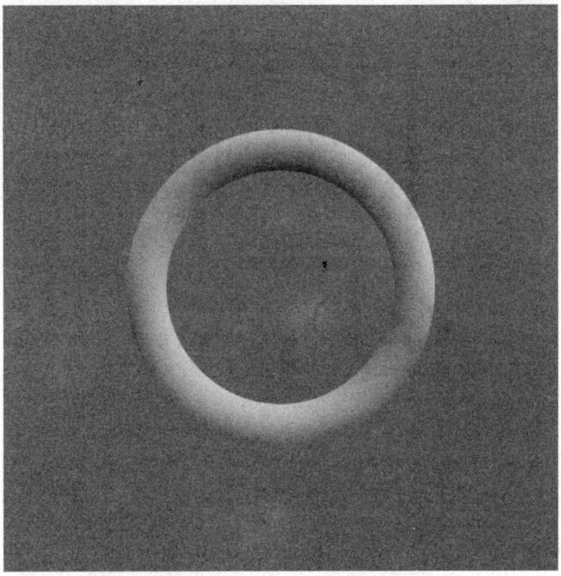

（参见附图 Xps1-03.tif）

1．将背景填充为淡蓝色。

2．画出合适的选区，并填充纯绿色。

3．用工具绘制出相应的立体效果。最终制作出如上所示的一个简单的玉镯形状。

4．将最终结果以 Xps1-03.tif 为文件名保存在考生文件夹下。

1.4 第 4 题

【操作要求】

建立一个新文件：16×12 cm、72 pixels/inch、RGB 模式，最终效果如下图所示。

（参见附图 Xps1-04.tif）

1．输入英文字母：BLUE（将文字变形并选择字体为“华文彩云”），并将文字填充到整个画布中。

2．在基本路径形状中找到相应的形状，经过处理做出如上效果。

3．输入英文字母：BLUE，并制作出如上的立体效果。最终制作出如上所示的标志效果。

4．将最终结果以 Xps1-04.tif 为文件名保存在考生文件夹下。

1.5　第 5 题

【操作要求】

用工具给图像换色，最终效果如下图所示。

（参见附图 Xps1-05.tif）

1．打开 C:\2003PS7\Yps1-05.tif，如下图所示。

Yps1-05.tif

2．将黄色的外框选中。

3．将黄色图像换成红色，达到给相框换色的效果。

4．将最终结果以 Xps1-05.tif 为文件名保存在考生文件夹下。

1.6 第 6 题

【操作要求】

建立一个新文件：16×12 cm、72 pixels/inch、RGB 模式，最终效果如下图所示。

（参见附图 Xps1-06.tif）

1．用选择工具配合辅助线画出禁止标志的外框。
2．制作内部的斜线。
3．输入文字：禁止（字体为“华文行楷”）。最终制作出如上所示的禁止标志。
4．将最终结果以 Xps1-06.tif 为文件名保存在考生文件夹下。

1.7　第 7 题

【操作要求】

建立一个新文件：16×12 cm、72 pixels/inch、RGB 模式，最终效果如下图所示。

（参见附图 Xps1-07.tif）

1．应用椭圆选择工具、矩形、直线套索工具和辅助线画出如上标志。

2．所填充的颜色分别为：纯红色、纯蓝色。

3．输入文字：江西省科学院计算机培训学院（字体为“华文行楷”），将文字填充纯黑色，并做出文字的发光效果。最终制作出如上所示的标志。

4．将最终结果以 Xps1-07.tif 为文件名保存在考生文件夹下。

1.8 第 8 题

【操作要求】

建立一个新文件：16×12 cm、72 pixels/inch、RGB 模式，最终效果如下图所示。

（参见附图 Xps1-08.tif）

1．用合适的工具制作出背景图案。

2．用渐变工具拉出白、绿色的渐变色（并设置相应的透明度）。

3．找到合适的蝴蝶笔刷形状，并描边。输入文字：XIA，并制作文字效果。最终制作出如上所示的蝴蝶在田地中飞行的效果。

4．将最终结果以 Xps1-08.tif 为文件名保存在考生文件夹下。

1.9　第 9 题

【操作要求】

建立一个新文件：16×12 cm、72 pixels/inch、RGB 模式，最终效果如下图所示。

（参见附图 Xps1-09.tif）

1．输入英文字母：computer，并在进行变形等处理后将其填充到整个画布中。

2．调出文件 C:\2003PS7\Yps1-09.tif（如下图所示），复制部分图像到新建的文件中。

Yps1-09.tif

3．通过相应的工具将白色的边缘部分填充合适的黑色方块，并给图像描边。最终制作出如上所示的影片中图像的效果。

4．将最终结果以 Xps1-09.tif 为文件名保存在考生文件夹下。

1.10　第 10 题

【操作要求】

建立一个新文件：16×12 cm、72 pixels/inch、RGB 模式，最终效果如下图所示。

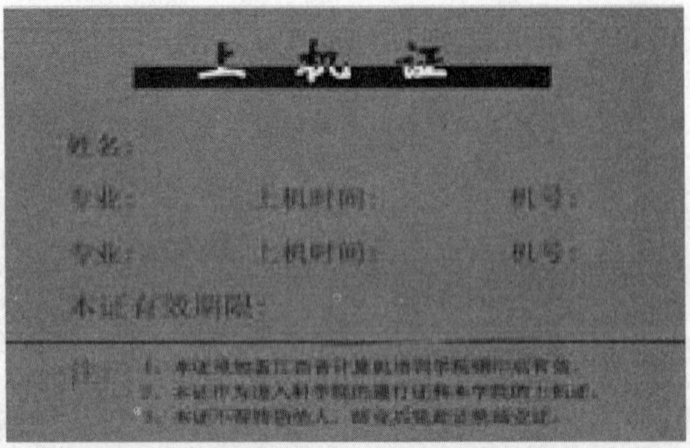

（参见附图 Xps1-10.tif）

1．画一合适的选区，并填充淡蓝色。
2．绘制两条线段并填充深蓝色。
3．输入相应的文字制作成如上效果，最终制作出如上所示的上机证。
4．将最终结果以 Xps1-10.tif 为文件名保存在考生文件夹下。

1.11　第 11 题

【操作要求】

建立一个新文件，16×12 cm、72 pixels/inch、RGB 模式，最终效果如下图所示。

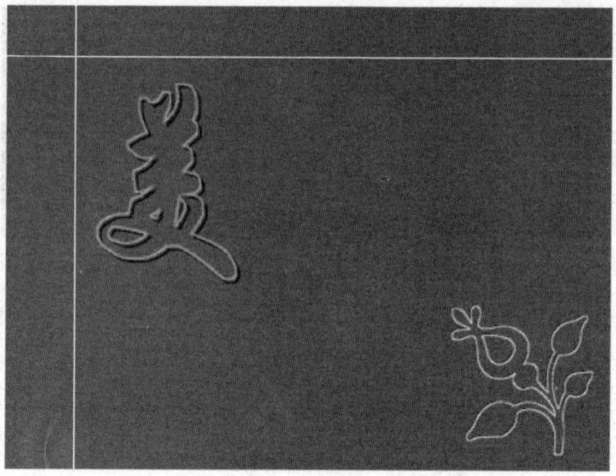

（参见附图 Xps1-11.tif）

1．将画布填充深绿色。

2．输入文字，并制作立体的文字效果。

3．在基本路径型中找到相应的形状制作出如上效果。最终制作出如上所示的小册子的封面效果。

4．将最终结果以 Xps1-11.tif 为文件名保存在考生文件夹下。

1.12 第 12 题

【操作要求】

建立一个新文件：16×12 cm、72 pixels/inch、RGB 模式，最终效果如下图所示。

（参见附图 Xps1-12.tif）

1．将画布的上半部分填充为纯黑色。
2．将画布的下半部分填充为纯白色。
3．输入文字：白加黑，制作成白底黑字、黑底白字的效果。
4．将最终结果以 Xps1-12.tif 为文件名保存在考生文件夹下。

1.13 第 13 题

【操作要求】

建立一个新文件：16×12 cm、72 pixels/inch、RGB 模式，最终效果如下图所示。

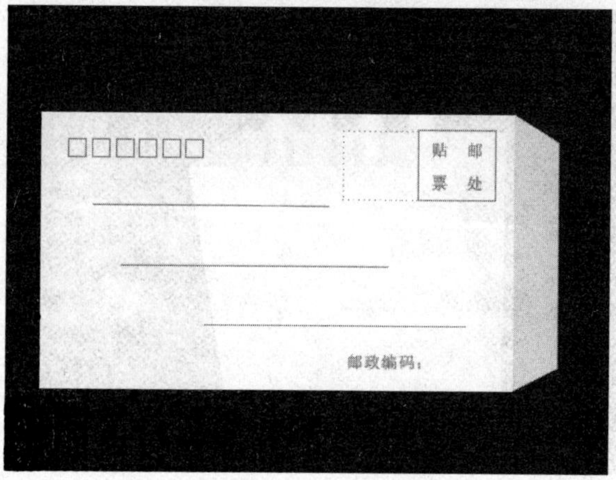

（参见附图 Xps1-13.tif）

1．将画布的背景填充为黑色。

2．用合适的选择工具画出信封的基本形状，并将折叠部分填充为灰色（R200、G200、B200）。

3．配合文字和选区工具制作出信封的其它部分。最后制作出如上所示的一个简单的信封效果。

4．将最终结果以 Xps1-13.tif 为文件名保存在考生文件夹下。

1.14　第 14 题

【操作要求】

建立一个新文件：16×12 cm、72 pixels/inch、RGB 模式，最终效果如下图所示。

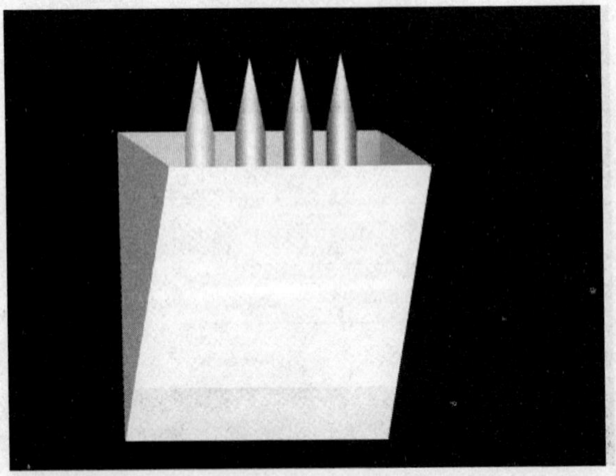

（参见附图 Xps1-14.tif）

1．将整个画布填充纯黑色。

2．用相应的选择工具画出立体形状的底部、左边和右边部分，并分别填充上不同的灰色。

3．在基本路径形状中找到相应的形状，画出铅笔的形状，分别填充上不同的渐变色。最后制作出如上所示的立体笔筒的效果。

4．将最终结果以 Xps1-14.tif 为文件名保存在考生文件夹下。

1.15　第 15 题

【操作要求】

建立一个新文件：16×12 cm、72 pixels/inch、RGB 模式，最终效果如下图所示。

（参见附图 Xps1-15.tif）

1．将整个画布填充上一个合适的木纹纹理。
2．用相应的选择工具画出相同大小的格子。
3．选择相邻的几个格子分别制作成如上效果。
4．将最终结果以 Xps1-15.tif 为文件名保存在考生文件夹下。

1.16 第 16 题

建立一个新文件：16×12 cm、72 pixels/inch、RGB 模式，最终效果如下图所示。

（参见附图 Xps1-16.tif）

1．将画布填充为黑色。

2．应用辅助线，配合选择工具画出路牌上部的边缘，并填充上相应的白到蓝的渐变色。

3．将路牌的上部里面填充为纯白色，并输入文字和画上深红色的箭头。制作出路牌的下部，填充一个白、蓝色的渐变色。最后制作出如上所示的一个简单的指路牌。

4．将最终结果以 Xps1-16.tif 为文件名保存在考生文件夹下。

1.17　第 17 题

【操作要求】

建立一个新文件：16×12 cm、72 pixels/inch、RGB 模式，最终效果如下图所示。

（参见附图 Xps1-17.tif）

1．用工具制作图像的边缘效果并得到相应的选区。

2．打开 C:\2003PS7\Yps1-17.tif，如下图所示，并进行复制。

Yps1-17.tif

3．置入“夜”字，制作此文字的立体效果。

4．将最终结果以 Xps1-17.tif 为文件名保存在考生文件夹下。

1.18 第 18 题

【操作要求】

建立一个新文件：16×12 cm、72 pixels/inch、RGB 模式，最终效果如下图所示。

（参见附图 Xps1-18.tif）

1．将画布填充纯黑色，制作邮票边缘的锯齿效果，得到相应选区。

2．打开 C:\2003PS7\Yps1-18.tif，如下图所示，复制全部图像。

Yps1-18.tif

3．输入相应的文字，描一个黑色的边即可制作出邮票的效果。最后制作出如上所示的邮票效果。

4．将最终结果以 Xps1-18.tif 为文件名保存在考生文件夹下。

1.19　第 19 题

【操作要求】

通过相应的复制工具复制怀表并做出不同的效果，最终效果如下图所示。

（参见附图 Xps1-19.tif）

1．打开 C:\2003PS7\Yps1-19.tif，如下图所示。

Yps1-19.tif

2．将怀表复制一份，放置在左上角，并制作出灰度效果。

3．将怀表再复制一份，放置在右上角，并制作出不同彩色效果。最后在同一图像中分别制作出不同的灰度与彩色效果。

4．将最终结果以 Xps1-19.tif 为文件名保存在考生文件夹下。

1.20 第 20 题

【操作要求】

通过应用相应工具将一朵花复制多份，最终效果如下图所示。

（参见附图 Xps1-20.tif）

1．打开 C:\2003PS7\Yps1-20.tif，如下图所示。

Yps1-20.tif

2．用相应的工具将花复制两份，并放到相应的位置。

3．用工具将其中一朵花的红色换成洋红色。

4．将最终结果以 Xps1-20.tif 为文件名保存在考生文件夹下。

第二单元　路径的运用

2.1　第 1 题

【操作要求】

建立一个新文件：640×480 Pixels、72 Pixels/inch、RGB 模式，最终效果如下图所示。

（参见附图 Xps2-01.tif）

1．调出文件 C:\2003PS7\Yps2-01.tif，使用 Path 路径勾勒工具将小鸟的外轮廓绘制成一个封闭的 Path 图形（小鸟的腿部和爪部不用绘制）。

Yps2-01.tif

2．将小鸟的 Path 图形完整的拷入新文件中，再复制一个新 Path 图形，将它们分别放置在左、右两侧（要求有两个独立 Path 轮廓）。

3．将左侧轮廓填充纯蓝色，加纯白色圆点作为眼睛。将右侧轮廓中央填充纯黄色，加纯红色圆点作为眼睛。

4．用纯红色将右侧轮廓的四周喷成立体效果，其右下侧喷出简易阴影效果。

5．将最终结果以 Xps2-01.tif 为文件名保存在考生文件夹下。

2.2 第 2 题

【操作要求】

建立一个新文件：640×480 Pixels、72 Pixels/inch、RGB 模式，最终效果如下图所示。

（参见附图 Xps2-02.tif）

1．调出文件 C:\2003PS7\Yps2-02.tif，使用 Path 路径勾勒工具将企鹅的外轮廓绘制成一个封闭的 Path 图形。

Yps2-02.tif

2．将企鹅 Path 图形完整地拷入新文件中，再复制一个新 Path 图形，将它们分别放置在左、右两侧（要求有两个独立 Path 轮廓）。

3．将左侧企鹅轮廓做水平翻转（使两企鹅面面相对）。

4．将企鹅的背部、翅膀、脚喷成黑色，腹部喷成白色，再加上黄色眼睛。将背景做成由纯蓝和纯白构成的云彩效果。

5．将最终结果以 Xps2-02.tif 为文件名保存在考生文件夹下。

2.3 第 3 题

【操作要求】

建立一个新文件：640×480 Pixels、72Pixels/inch、RGB 模式，最终效果如下图所示。

（参见附图 Xps2-03.tif）

1．调出文件 C:\2003PS7\Yps2-03.tif，使用 Path 路径勾勒工具沿树袋鼠的外轮廓绘制一个封闭的图形。

Yps2-03.tif

2．将树袋鼠的外轮廓线拷入新文件中，再复制一个新的轮廓线，将它们分别放置在上、下侧（要求有两个独立的 Path 轮廓）。

3．将上方轮廓填充纯黄色，加纯黑色圆点作为眼睛，纯红色圆点作为鼻子。

4．将下方轮廓四周喷纯黑色带白色羽状边效果，用纯黑色作眼睛，纯红色作鼻子。

5．将最终结果以 Xps2-03.tif 为文件名保存在考生文件夹下。

2.4　第 4 题

【操作要求】

建立一个新文件：640×480 Pixels、72 Pixels/inch、RGB 模式，最终效果如下图所示。

（参见附图 Xps2-04.tif）

1．调出文件 C:\2003PS7\Yps2-04.tif，使用 Path 路径勾勒工具沿雉的外轮廓绘制一个封闭的图形。

Yps2-04.tif

2．将雉的轮廓线拷入新文件中，再复制一个新的轮廓线（并作水平镜像变换），将它们分别放置在左右两侧（要求有两个独立的 Path 轮廓）。

3．将左侧轮廓填充纯黑色，加纯白色圆点作为眼睛；将右侧轮廓填充纯黄色，加纯黑色圆点作为眼睛。

4．用直径为 3 Pixels、硬度为 0%的黑色笔刷勾路径。

5．将最终结果以 Xps2-04.tif 为文件名保存在考生文件夹下。

2.5 第 5 题

【操作要求】

建立一个新文件：640×480 Pixels、72 Pixels/inch、RGB 模式，最终效果如下图所示。

（参见附图 Xps2-05.tif）

1．调出文件 C:\2003PS7\Yps2-05.tif，使用 Path 路径勾勒工具沿左侧鸟的外轮廓绘制一个封闭的图形。

Yps2-05.tif

2．将鸟的轮廓线拷入新文件中，再复制一个新的轮廓线并作水平镜像变换，将它们分别放置在左右两侧（要求有两个独立的 Path 轮廓）。

3．将左侧轮廓填充纯黄色，将鸟的嘴、眼、尾喷成纯黑色，脚喷成纯红色。

4．将右侧轮廓用一个直径为 3 Pixels、硬度为 0%的笔刷勾勒，并将嘴、尾、眼部喷成纯黑色，脚喷成纯红色。

5．将最终结果以 Xps2-05.tif 为文件名保存在考生文件夹下。

2.6 第 6 题

【操作要求】

建立一个新文件：640×480 Pixels、72 Pixels/inch、RGB 模式，最终效果如下图所示。

（参见附图 Xps2-06.tif）

1．调出文件 C:\2003PS7\Yps2-06.tif，使用 Path 路径勾勒工具沿右侧天鹅的外轮廓绘制一个封闭图形。

Yps2-06.tif

2．将天鹅的轮廓线拷入新文件中，再复制一个新的轮廓线，将它们分别放置在上下两侧（要求有两个独立的 Path）。

3．将上方轮廓用直径为 3 Pixels、硬度为 0%的笔刷勾一个 R、G、B 分别为 128 的灰色边界。

4．将鹅嘴的前部和后部分别喷成纯黑色和纯黄色，用纯黑圆点作为眼睛；将下方轮廓用直径为 3 Pixels、硬度为 0%的笔刷勾一个纯黑色的边界，鹅嘴和眼部处理同上步。

5．将最终结果以 Xps2-06.tif 为文件名保存在考生文件夹下。

2.7　第 7 题

【操作要求】

建立一个新文件：640×480 Pixels、72 Pixels/inch、RGB 模式，最终效果如下图所示。

（参见附图 Xps2-07.tif）

1．调出文件 C:\2003PS7\Yps2-07.tif，使用 Path 路径勾勒工具沿鸟的外轮廓绘制一个封闭的图形。

Yps2-07.tif

2．将鸟的轮廓线拷入新文件中，再复制一个新的轮廓线，将它们分别放置在上下两侧（要求有两个独立的 Path 轮廓）。

3．将上侧轮廓填充为纯黄色，加黑色圆点作为眼睛，下侧喷出简易阴影效果。

4．将下侧轮廓的四周以咖啡色（R140、G60、B0）喷出渐变立体效果，加黑色圆点作眼睛。

5．将最终结果以 Xps2-07.tif 为文件名保存在考生文件夹下。

2.8　第 8 题

【操作要求】

建立一个新文件：640×480 Pixels、72 Pixels/inch、RGB 模式，最终效果如下图所示。

（参见附图 Xps2-08.tif）

1．调出文件 C:\2003PS7\Yps2-08.tif，使用 Path 路径勾勒工具沿蛙的外轮廓绘制一个封闭的图形。

Yps2-08.tif

2．将蛙的轮廓线拷入新文件中，再复制一个新的轮廓线，并作水平镜像变换（要求有两个独立的 Path 轮廓）。

3．将上方轮廓填充为土黄色，加黑色圆点作为眼睛；将下方轮廓填充深绿色（R0、G150、B0）。

4．对下方轮廓用直径为 1 Pixels、硬度为 100%的笔刷勾一个黑色边界，将该轮廓的下侧轮廓边喷出白色渐变效果。

5．将最终结果以 Xps2-08.tif 为文件名保存在考生文件夹下。

2.9　第 9 题

【操作要求】

建立一个新文件：640×480 Pixels、72 Pixels/inch、RGB 模式，最终效果如下图所示。

（参见附图 Xps2-09.tif）

1．调出文件 C:\2003PS7\Yps2-09.tif，使用 Path 路径勾勒工具沿鱼的外轮廓绘制一个封闭的图形。

Yps2-09.tif

2．将鱼的轮廓线拷入新文件中，再复制一个新的轮廓线，将它们分别放置在上、下两侧（要求有两个独立的 Path 路径）。

3．将上方轮廓填充为纯红色，用白色圆点作为眼睛，并用直径为 9 Pixels、硬度为 0% 的笔刷沿路径勾一个纯黄色边界。

4．将下方轮廓填充纯红色与白色的随机点状，用白色圆点作为眼睛，用与上一步同样的笔刷沿路径勾一个纯黄色边界，并在右下侧作简易阴影效果。

5．将最终结果以 Xps2-09.tif 为文件名保存在考生文件夹下。

2.10 第 10 题

【操作要求】

建立一个新文件：640×480 Pixels、72 Pixels/inch、RGB 模式，最终效果如下图所示。

（参见附图 Xps2-10.tif）

1．调出文件 C:\2003PS7\Yps2-10.tif，使用 Path 路径勾勒工具沿左侧黄花的外轮廓绘制一个封闭的图形。

Yps2-10.tif

2．将花的轮廓线拷入新文件中，再复制一个新的轮廓线，将它们分别放置在左、右两侧（要求有两个独立的 Path 路径）。

3．将左侧路径填充为纯黄色，加纯红色圆点作为花蕊，并用直径为 5 Pixels、硬度为 0%的笔刷沿路径勾一个纯红色边界；将右侧路径填充纯红色，加纯黄色圆点作为花蕊。

4．右侧路径四周以纯黄色喷出渐变立体效果，右下侧作简易阴影效果。

5．将最终结果以 Xps2-10.tif 为文件名保存在考生文件夹下。

2.11　第 11 题

【操作要求】

建立一个新文件：640×480 Pixels、72Pixels/inch、RGB 模式，最终效果如下图所示。

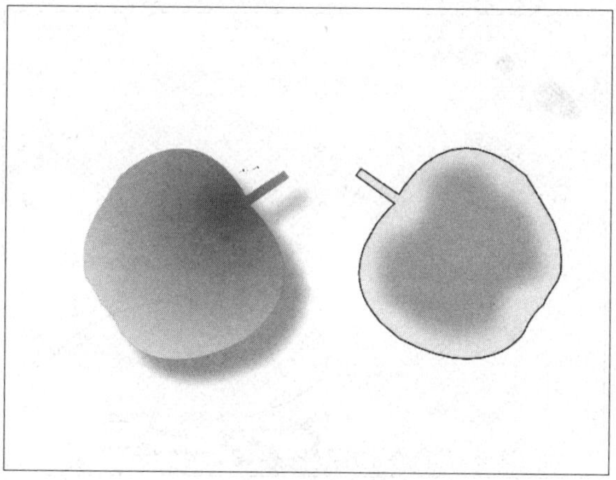

（参见附图 Xps2-11.tif）

1．调出文件 C:\2003PS7\Yps2-11.tif，使用 Path 路径勾勒工具沿苹果的外轮廓绘制一个封闭的图形。

Yps2-11.tif

2．将苹果的轮廓线拷入新文件中，再复制一个新的轮廓线，并作水平镜像变换，放置在左、右两侧（要求有两个独立的 Path 轮廓）。

3．将右侧路径填充为纯绿色，四周喷出纯黄色渐变效果，并用直径为 1 Pixels、硬度为 1%的笔刷勾一个黑色边界；将左侧路径填充纯红色与纯黄的辐射状渐变色。

4．左侧路径右下侧作简易阴影效果。

5．将最终结果以 Xps2-11.tif 为文件名保存在考生文件夹下。

2.12 第 12 题

【操作要求】

建立一个新文件：640×480 Pixels、72 Pixels/inch、RGB 模式，最终效果如下图所示。

（参见附图 Xps2-12.tif）

1. 调出文件 C:\2003PS7\Yps2-12.tif，使用 Path 路径勾勒工具沿小鸭的外轮廓绘制一个封闭的图形。

Yps2-12.tif

2. 将小鸭的轮廓线拷入新文件中，再复制一个新的轮廓线，将它们分别放置在上、下两侧（要求有两个独立的 Path 路径）。

3. 将上方的路径填充为纯黄色，将眼睛和嘴喷成黑色。

4. 将下方路径填充纯黄色与白色的辐射状渐变，将眼与嘴喷成黑色，沿路径勾一个直径为 1 Pixels、硬度为 100%的边界，下方喷简易深绿色小草（R40、G180、B0）。

5. 将最终结果以 Xps2-12.tif 为文件名保存在考生文件夹下。

2.13 第 13 题

【操作要求】

建立一个新文件：640×480 Pixels、72 Pixels/inch、RGB 模式，最终效果如下图所示。

（参见附图 Xps2-13.tif）

1．调出文件 C:\2003PS7\Yps2-13.tif，使用 Path 路径勾勒工具沿金鱼的外轮廓绘制一个封闭的图形。

Yps2-13.tif

2．将金鱼的轮廓线拷入新文件中，再复制一个新的轮廓线，并作水平镜像变换，将它们分别放置在上、下两侧（要求有两个独立的 Path 路径）。

3．将上方的路径填充金黄色（R255、G140、B0），用白色圆点作眼睛；将下方轮廓填充纯黄与纯红的线性渐变，加白色圆点作眼睛。

4．下方轮廓右下侧喷出简易阴影。

5．将最终结果以 Xps2-13.tif 为文件名保存在考生文件夹下。

2.14 第 14 题

【操作要求】

建立一个新文件：640×480 Pixels、72 Pixels/inch、RGB 模式，最终效果如下图所示。

（参见附图 Xps2-14.tif）

1．调出文件 C:\2003PS7\Yps2-14.tif，使用 Path 路径勾勒工具沿杯子的外轮廓绘制一个封闭的图形。

Yps2-14.tif

2．将杯子的轮廓线拷入新文件中，再复制一个新的轮廓线，将它们分别放置在左、右两侧（要求有两个独立的 Path 路径）。

3．将左侧的轮廓填充为纯绿色，加绿色圆点作为杯盖顶端的把手。

4．将右侧的轮廓填充纯蓝与白的辐射渐变色，勾一个纯蓝色边界，加纯蓝色圆点作盖的把手，右下侧喷出简易阴影效果。

5．将最终结果以 Xps2-14.tif 为文件名保存在考生文件夹下。

2.15 第 15 题

【操作要求】

建立一个新文件：640×480 Pixels、72 Pixels/inch、RGB 模式，最终效果如下图所示。

（参见附图 Xps2-15.tif）

1. 调出文件 C:\2003PS7\Yps2-15.tif，使用 Path 路径勾勒工具沿茶壶的外轮廓绘制一个封闭的图形。

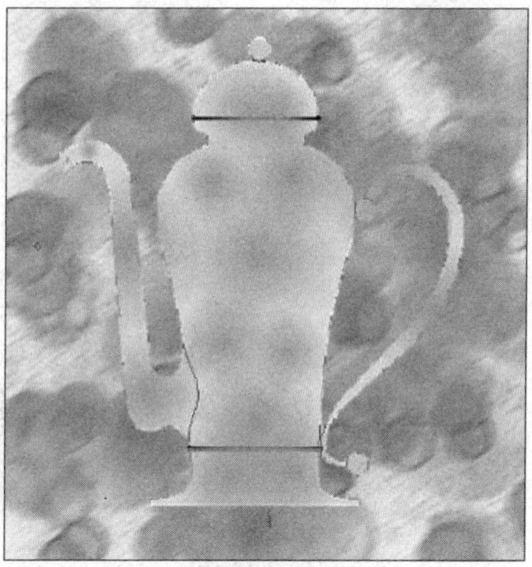

Yps2-15.tif

2. 将茶壶的轮廓线拷入新文件中，再复制一个新的轮廓线，将它们分别放置在左、右两侧（要求有两个独立的 Path 轮廓）。

3. 将左侧的轮廓填充为纯蓝色，用纯白色绘制成高光效果。

4. 将右侧的轮廓中央用纯黄色填充，四周以纯红色喷出渐变立体效果，右下侧喷出简易阴影效果。

5. 将最终结果以 Xps2-15.tif 为文件名保存在考生文件夹下。

2.16　第 16 题

【操作要求】

建立一个新文件：640×480 Pixels、72 Pixels/inch、RGB 模式，最终效果如下图所示。

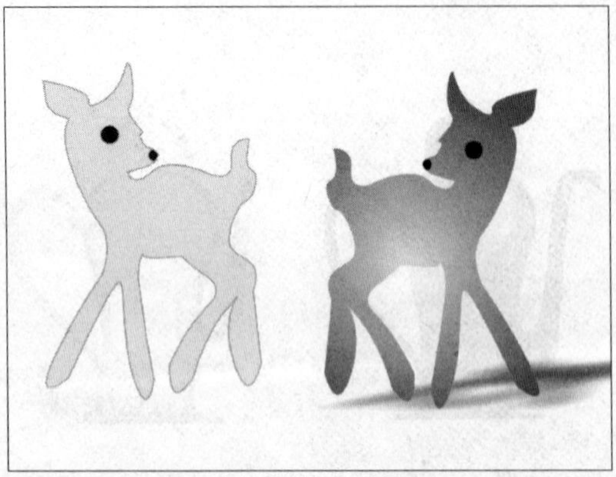

（参见附图 Xps2-16.tif）

1．调出文件 C:\2003PS7\Yps2-16.tif，使用 Path 路径勾勒工具沿小鹿的外轮廓绘制一个封闭的图形。

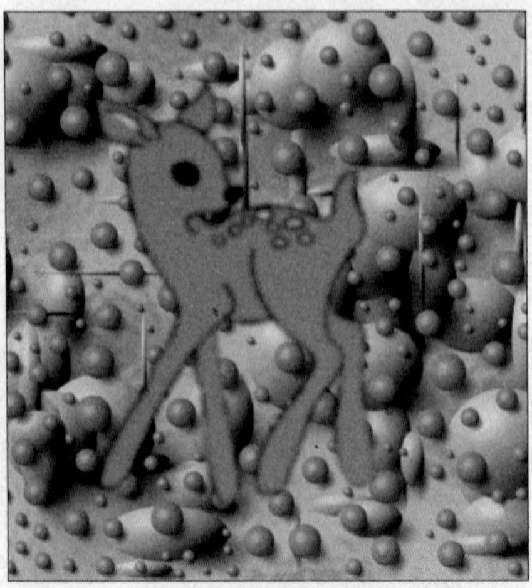

Yps2-16.tif

2．将小鹿的轮廓线拷入新文件中，再复制一个新的路径，并作水平镜像变换，放置在左、右两侧（要求有两个独立的 Path 路径）。

3．将左侧的轮廓填充为纯黄色，加纯黑色圆点作为眼睛和鼻子，沿轮廓勾一个深黄色（R240、G160、B0）的边界。

4．将右侧轮廓填充纯黄色与纯红色的渐变色，加黑色圆点作眼睛和鼻子，右下侧喷简易阴影效果。

5．将最终结果以 Xps2-16.tif 为文件名保存在考生文件夹下。

2.17 第 17 题

【操作要求】

建立一个新文件：640×480 Pixels、72 Pixels/inch、RGB 模式，最终效果如下图所示。

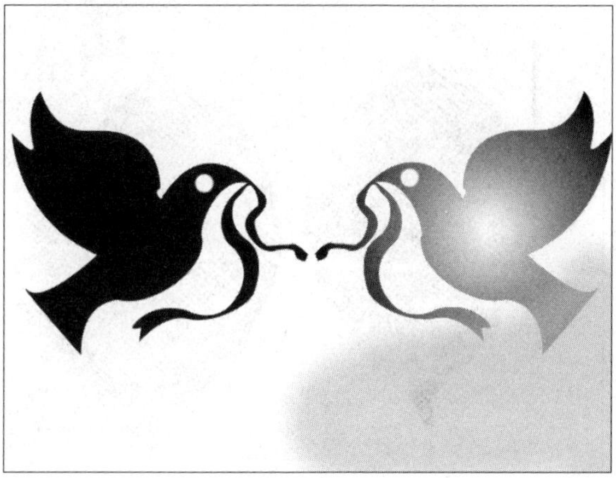

（参见附图 Xps2-17.tif）

1. 调出文件 C:\2003PS7\Yps2-17.tif，使用 Path 路径勾勒工具沿鸽子的外轮廓绘制一个封闭的图形。

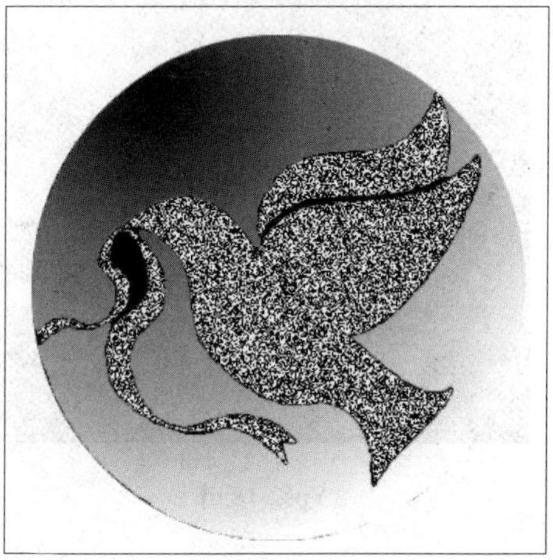

Yps2-17.tif

2. 将鸽子的轮廓线拷入新文件中，再复制一个新轮廓线，并作水平镜像变换，放置在左、右两侧（要求有两个独立的 Path 路径）。

3. 将左侧的轮廓填充为纯蓝色，加白色圆点作为眼睛。

4. 将右侧的轮廓填充纯蓝色与白色的渐变立体效果，加白色圆点作眼睛，右下侧喷简易浅绿色草地（R154、G255、B63）。

5. 将最终结果以 Xps2-17.tif 为文件名保存在考生文件夹下。

2.18　第 18 题

【操作要求】

建立一个新文件：640×480 Pixels、72 Pixels/inch、RGB 模式，最终效果如下图所示。

（参见附图 Xps2-18.tif）

1．调出文件 C:\2003PS7\Yps2-18.tif，使用 Path 路径勾勒工具沿树叶的外轮廓绘制一个封闭的图形。

Yps2-18.tif

2．将树叶的轮廓线拷入新文件中，再复制一个新轮廓线，将它们放置在左、右两侧（要求有两个独立的 Path 路径）。

3．将左侧的轮廓填充为纯绿色，用深绿色（R0、G200、B0）画出简易叶脉。

4．将右侧的轮廓填充土黄色（R255、G200、B0），用浅黄色（R255、G255、B0）画出简易叶脉，并在右下侧喷出简易阴影效果。

5．将最终结果以 Xps2-18.tif 为文件名保存在考生文件夹下。

2.19 第 19 题

【操作要求】

建立一个新文件：640×480 Pixels、72 Pixels/inch、RGB 模式，最终效果如下图所示。

（参见附图 Xps2-19.tif）

1．调出文件 C:\2003PS7\Yps2-19.tif，使用 Path 路径勾勒工具沿椰子树的外轮廓绘制一个封闭的图形。

Yps2-19.tif

2．将椰子树的轮廓线拷入新文件中，再复制一个新路径，分别放置在左、右两侧（要求有两个独立的 Path 轮廓）。

3．将左侧的轮廓填充为纯绿色叶子、深咖啡色树干（R100、G50、B20）。

4．将右侧的轮廓填充纯白色与纯绿色的渐变色，沿轮廓勾一个深绿色的边界（R0、G120、B0），绘制一个浅咖啡色（R199、G159、B109）的椰果，右下侧作简易阴影效果。

5．将最终结果以 Xps2-19.tif 为文件名保存在考生文件夹下。

2.20 第 20 题

【操作要求】

建立一个新文件：640×480 Pixels、72 Pixels/inch、RGB 模式，最终效果如下图所示。

（参见附图 Xps2-20.tif）

1．调出文件 C:\2003PS7\Yps2-20tif，使用 Path 路径勾勒工具沿大象的外轮廓绘制一个封闭的图形。

Yps2-20.tif

2．将大象的轮廓线拷入新文件中，再复制一个，分别置于上、下方（要求有两个独立的 Path 路径）。

3．将上方的轮廓填充为浅灰色（R191、G191、B191），加黑色圆点作眼睛。

4．将下方的轮廓填充纯白色与深灰色（R98、G98、B98）渐变色，加纯黑色圆点作为眼睛，右下侧喷出简易浅绿色草地（R46、G255、B46）。

5．将最终结果以 Xps2-20.tif 为文件名保存在考生文件夹下。

第三单元　选定技巧

3.1　第 1 题

【操作要求】

利用选定等操作，制作合成图像效果，最终效果如下图所示。

（参见附图 Xps3-01.tif）

1．调出文件 C:\2003PS7\Yps3a-01.tif，将全部蓝色球体（不包括黑色阴影）以外的背景置换成黑色背景。

2．调出文件 C:\2003PS7\Yps3b-01.tif，将金盘选定拷入 Yps3a-01.tif 文件中央，并制作出白色光晕效果。

3．调出文件 C:\2003PS7\Yps3c-01.psd，将其中紫色叶片完全选择，拷贝其轮廓边缘至 Yps3a-01.tif 文件中（参考厚度为 10 pixels）放置在金盘中央。

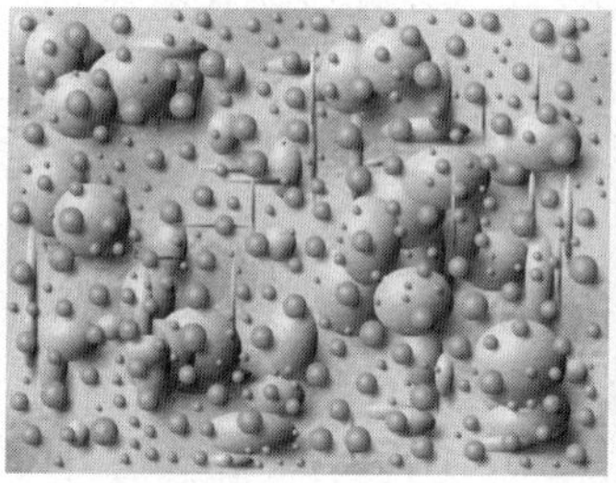

Yps3a-01.tif

Yps3b-01.tif

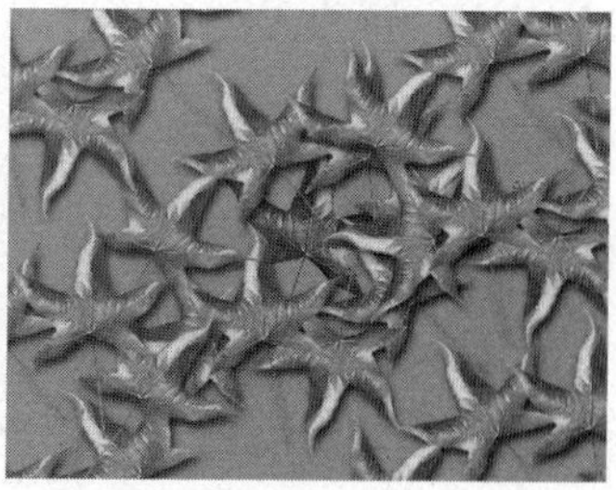

Yps3c-01.psd

4．将最终结果以 Xps3-01.tif 为文件名保存在考生文件夹下。

3.2 第 2 题

【操作要求】

利用选定等操作，制作合成图像效果，最终效果如下图所示。

（参见附图 Xps3-02.tif）

1．建立一个新文件：340×480 pixels、72 Pixels/inch、RGB 模式；将背景作白色至纯蓝（B255、R0、G0）的线性渐变，如上图如示。

2．调出文件 C:\2003PS7\Yps3-02.tif，将花枝全部选定（不包括黑色背景）拷贝至新文件中。

Yps3-02.tif

3．将整个图像制作成有一定羽化的黄色边框效果。

4．将最终结果以 Xps3-02.tif 为文件名保存在考生文件夹下。

3.3 第3题

【操作要求】

利用选定等操作，制作合成图像效果，最终效果如下图所示。

（参见附图 Xps3-03.tif）

1．调出文件 C:\2003PS7\Yps3a-03.tif，如下图所示，将花朵的周围作渐变淡化处理。

2．调出文件 C:\2003PS7\Yps3b-03.tif，将人头部分选定拷贝至 Yps3a-03.tif 文件的花心中，并制作晕化效果。

Yps3a-03.tif

Yps3b-03.tif

3．在花的四周位置，再拷贝四个人物头像，羽化效果要比花心人物强烈一些。

4．将最终结果以 Xps3-03.tif 为文件名保存在考生文件夹下。

3.4 第 4 题

【操作要求】

利用选定等操作，制作合成图像效果，最终效果如下图所示。

（参见附图 Xps3-04.tif）

1．调出文件 C:\2003PS7\Yps3a-04.tif，将蓝天白云（包括树缝中）全部选定后删除。

2．调出文件 C:\2003PS7\Yps3b-04.tif，将图片全选拷贝至 Yps3a-04.tif 文件中，产生树后是一幢房子的效果。

3．调出文件 C:\2003PS7\Yps3c-04.tif，只选定天空部分拷贝至 Yps3a-04.tif 文件中，替换房子上方的天空。

Yps3a-04.tif

Yps3b-04.tif

Yps3c-04.tif

4．将最终结果以 Xps3-04.tif 为文件名保存在考生文件夹下。

3.5　第 5 题

【操作要求】

利用选定等操作，制作合成图像效果，最终效果如下图所示。

（参见附图 Xps3-05.tif）

1．调出文件 C:\2003PS7\Yps3a-05.tif，将树缝中的白色部分选定后删除。

2．调出文件 C:\2003PS7\Yps3b-05.tif，全部选定拷贝至 Yps3a-05.tif 文件中，替换掉树缝中的白色部分，产生山坡下的花园效果。

3．调出文件 C:\2003PS7\Yps3c-05.tif 文件，将汽车全部选定拷贝至 Yps3a-05.tif 文件中，并做出汽车在树后面的效果。

Yps3a-05.tif

Yps3b-05.tif

Yps3c-05.tif

4．将最终结果以 Xps3-05.tif 为文件名保存在考生文件夹下。

3.6 第 6 题

【操作要求】

利用选定等操作，制作合成图像效果，最终效果如下图所示。

（参见附图 Xps3-06.tif）

1．调出文件 C:\2003PS7\Yps3a-06.tif 文件，将灰色树根以外的绿草地全部选定后删除。

2．调出文件 C:\2003PS7\Yps3b-06.tif 文件，全选并拷贝至 Yps3a-06.tif 文件中，做出树根与沙漠的自然融合效果。

3．调出文件 C:\2003PS7\Yps3c-06.tif 文件，将绿色小芽选定并拷贝到 Yps3a-06.tif 文件中，做出枯木逢春的效果。

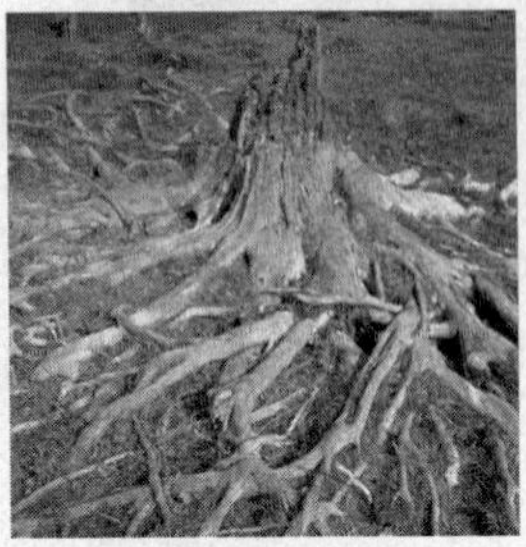

Yps3a-06.tif

Yps3b-06.tif

Yps3c-06.tif

4．将最终结果以 Xps3-06.tif 为文件名保存在考生文件夹下。

3.7　第 7 题

【操作要求】

利用选定等操作，制作合成图像效果，最终效果如下图所示。

（参见附图 Xps3-07.tif）

1．调出文件 C:\2003PS7\Yps3a-07.tif，将天空部分全部选定后删除。

2．调出文件 C:\2003PS7\Yps3b-07.tif，将草地上的红色花并带有绿色草地（参考宽度为 10 Pixels）选定拷贝至 Yps3a-07.tif 文件中，做出花廊造型效果。

3．调出文件 C:\2003PS7\Yps3c-07.tif，只选定天空部分拷贝至 Yps3a-07.tif 文件中替换原有的白色天空。

Yps3a-07.tif

Yps3b-07.tif

Yps3c-07.tif

4．将最终结果以 Xps3-07.tif 为文件名保存在考生文件夹下。

3.8 第 8 题

【操作要求】

利用选定等操作，制作合成图像效果，最终效果如下图所示。

（参见附图 Xps3-08.tif）

1．调出文件 C:\2003PS7\Yps3a-08.tif 和 C:\2003PS7\Yps3b-08.tif，分别如下图所示。

Yps3a-08.tif

Yps3b-08.tif

2．将 Yps3a-08.tif 中的红色仙人掌的图像选择下来。

3．将选择区域中的图像复制到 Yps3b-08.tif 文件中，并移动到相应的位置。

4．将最终结果以 Xps3-08.tif 为文件名保存在考生文件夹下。

3.9 第 9 题

【操作要求】

利用选定等操作，制作合成图像效果，最终效果如下图所示。

（参见附图 Xps3-09.tif）

1．调出文件 C:\2003PS7\Yps3a-09.tif，将金属球体选定并进行拷贝。

2．调出文件 C:\2003PS7\Yps3b-09.tif，将球体粘贴后，用球体材料做出一个环状效果（参考厚度为 20 pixels）。

Yps3a-09.tif

Yps3b-09.tif

3．通过再对金属球体的编辑操作，做出四个在环上滚动的金属小球体效果。

4．将最终结果以 Xps3-09.tif 为文件名保存在考生文件夹下。

3.10　第 10 题

【操作要求】

利用选定等操作，制作合成图像效果，最终效果如下图所示。

（参见附图 Xps3-10.tif）

1．调出文件 C:\2003PS7\Yps3a-10.tif 和 C:\2003PS7\Yps3b-10.tif，分别如下图所示。

Yps3a-10.tif

Yps3b-10.tif

2．使 Yps3b-10.tif 成为当前文件，将手的图像选中并复制到文件 Yps3a-10.tif 中。

3．给手做出外发光效果（发光颜色为黄色），并将多余部分删除。

4．将最终结果以 Xps3-10.tif 为文件名保存在考生文件夹下。

3.11 第 11 题

【操作要求】

利用选定等操作，制作合成图像效果，最终效果如下图所示。

（参见附图 Xps3-11.tif）

1．调出文件 C:\2003PS7\Yps3a-11.tif，只选花不选蓝色背景，进行拷贝。

2．调出文件 C:\2003PS7\Yps3b-11.tif，将花粘贴在图像底部。

3．调出文件 C:\2003PS7\Yps3c-11.tif，全选拷贝至 Yps3b-11.tif 中替换房后的白色背景。

Yps3a-11.tif

Yps3b-11.tif

Yps3c-11.tif

4．将最终结果以 Xps3-11.tif 为文件名保存在考生文件夹下。

3.12 第 12 题

【操作要求】

利用选定等操作，制作合成图像效果，最终效果如下图所示。

（参见附图 Xps3-12.tif）

1．调出文件 C:\2003PS7\Yps3a-12.tif，将紫色小花朵全选（不包括黑绿背景）拷贝到一个新文件中，该文件的参数为 18×12 cm、72 pixels/inch、RGB 模式、黑色背景。

2．调出文件 C:\2003PS7\Yps3b-12.tif，将铜铃铛选定拷贝到新文件中。

Yps3a-12.tif

Yps3b-12.tif

3．对铜铃铛做白色晕化效果。

4．将最终结果以 Xps3-12.tif 为文件名保存在考生文件夹下。

3.13　第13题

【操作要求】

利用选定等操作，制作彩色光盘图像效果，最终效果如下图所示。

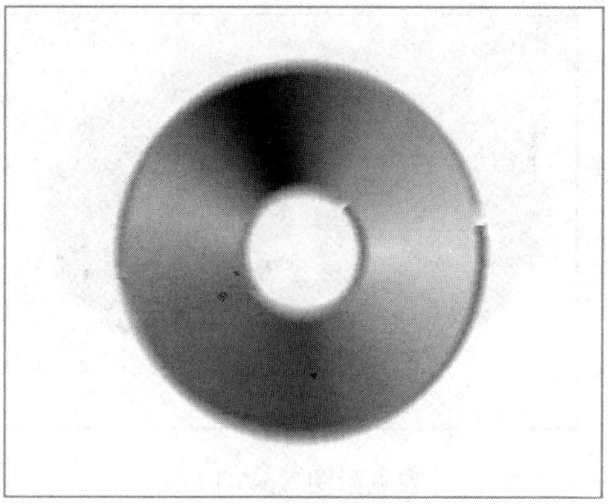

（参见附图 Xps3-13.tif）

1．建一个新文件：10×8 cm、100 pixels/inch、RGB 模式。
2．作一个正圆选定，辐射填充七彩色，新盘四周边界作带状选定填充二色渐变。
3．将彩盘的中心挖去一个正圆，并在小圆边界作环状渐变色。
4．将最终结果以 Xps3-13.tif 为文件名保存在考生文件夹下。

3.14　第 14 题

【操作要求】

利用选定及通道等操作，制作合成图像效果，最终效果如下图所示。

（参见附图 Xps3-14.tif）

1．调入文件 C:\2003PS7\Yps3-14.tif 文件，该文件具有 1 个 Alpha 通道。

Yps3-14.tif

2．通过各种选定操作，辅之以填充等命令，使之保留原始图像的椭圆形区域，椭圆形外围及中间的变形文字为白色填充。

3．在椭圆形的边界处制作一个渐变的边框，渐变色为预设渐变色 Orange Yellow Orange，将 Alpha 通道删除，使之成为一个仅有 R、G、B 三通道的 RGB 图像。

4．将最终结果以 Xps3-14.tif 为文件名保存在考生文件夹下。

3.15 第 15 题

【操作要求】

利用选定等操作，制作软盘，最终效果如下图所示。

（参见附图 Xps3-15.tif）

1．建立一个新文件：10×10 cm、72 pixels/inch、RGB 模式、白色背景。

2．用矩形工具和修改选区命令制作出软盘的大概形状，并填充洋红色，将软盘选区选进行修改等制作出软盘的形状。

3．输入相应的文字。

4．将最终结果以 Xps3-15.tif 为文件名保存在考生文件夹下。

3.16 第 16 题

【操作要求】

利用选定及通道等操作，制作合成图像效果，最终效果如下图所示。

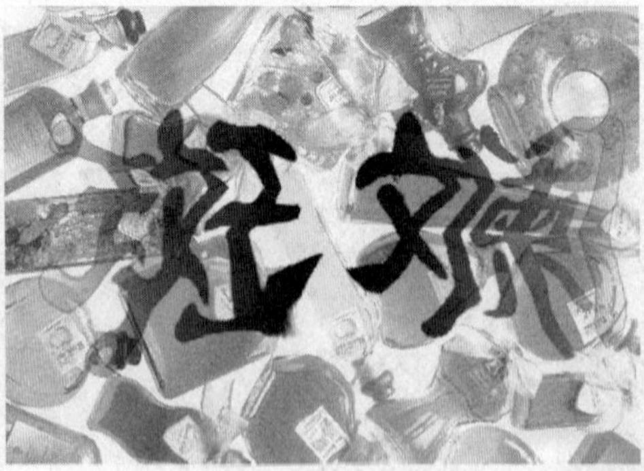

（参见附图 Xps3-16.tif）

1．调出文件 C:\2003PS7\Yps3-16.tif，如下图所示，该文件已有一个 Alpha 通道。

Yps3-16.tif

2．将事先存储的选定进行修改，修改后的选定仍然保存在通道上。

3．在 Yps3-16.tif 文件的 RGB 复合通道上，将修改后的选定调出，填充纯蓝色。

4．将最终结果以 Xps3-16.tif 为文件名保存在考生文件夹下。

3.17　第 17 题

【操作要求】

利用选定等操作，制作立体物体的图像效果，最终效果如下图所示。

（参见附图 Xps3-17.tif）

1．建一个新文件：12×15 cm、72 pixels/inch、RGB 模式、背景层为白色。
2．利用选定的增加与减少以及渐变色的利用，制作一个纯红色的管状物。
3．建一个新层，用同样的方法做一个纯蓝色的管状物，并放置在红色管状物的后面。
4．将最终结果以 Xps3-17.tif 为文件名保存在考生文件夹下。

3.18 第 18 题

【操作要求】

利用选定等操作，制作立体物体的图像效果，最终效果如下图所示。

（参见附图 Xps3-18.tif）

1．建一个新文件：11×10 cm、72 pixels/inch、白色背景、RGB 模式。

2．利用选定的复制移动、勾边、选定的减少等技巧，制作一个类似烟灰缸的物体，以纯蓝色和淡蓝色（R0、G100、B255）勾边色。

3．物体的背景作成纯黄色与白色的线型渐变。

4．将最终结果以 Xps3-18.tif 为文件名保存在考生文件夹下。

3.19 第 19 题

【操作要求】

利用选定等操作，制作合成图像效果，最终效果如下图所示。

（参见附图 Xps3-19.tif）

1．调出文件 C:\2003PS7\Yps3a-19.tif，将整个图像进行拷贝。
2．调出文件 C:\2003PS7\Yps3b-19.tif，将其蓝色天空全部选定。

Yps3a-19.tif

Yps3b-19.tif

3．通过粘贴、移动，制作成彩虹天空。
4．将最终结果以 Xps3-19.tif 为文件名保存在考生文件夹下。

3.20 第 20 题

【操作要求】

利用选定等操作，制作合成图像效果，最终效果如下图所示。

（参见附图 Xps3-20.tif）

1．调出文件 C:\2003PS7\Yps3a-20.tif 和 C:\2003PS7\Yps3b-20.tif，分别如下图所示。

Yps3a-20.tif

Yps3b-20.tif

2．使 Yps3b-20.tif 成为当前文件，将天空部份选中并进行复制。
3．将复制的图像粘贴到 Yps3a-20.tif 中，制作出蓝天白云的背景效果。
4．将最终结果以 Xps3-20.tif 为文件名保存在考生文件夹下。

第四单元　图层运用

4.1　第 1 题

【操作要求】

通过层的运用，制作出人物在墙上投影的效果，最终效果如下图所示。

（参见附图 Xps4-01.tif）

1．调出 C:\2003PS7\Yps4-01.tif 文件，如下图所示。

Yps4-01.tif

2．通过图层的技巧运用，制作出人物在墙上投影效果。

3．将最终结果以 Xps4-01.psd 为文件名保存在考生文件夹下。

4.2 第 2 题

【操作要求】

通过层的运用，制作出人物在墙上投影的效果，最终效果如下图所示。

（参见附图 Xps4-02.tif）

1. 调出 C:\2003PS7\Yps4-02.tif 文件，如下图所示。

Yps4-02.tif

2. 通过图层的技巧运用，制作出人物在墙上投影效果。
3. 将最终结果以 Xps4-02.psd 为文件名保存在考生文件夹下。

4.3　第 3 题

【操作要求】

通过图层与变换等操作的使用技巧，制作的效果如下图所示。

（参见附图 Xps4-03.tif）

1．调出文件 C:\2003PS7\Yps4-03.tif，选中其中一朵花，并复制。

Yps4-03.tif

2．建一个新文件：16×12 cm、72 pixels/inch、RGB 模式、黑色背景。粘贴图像，并另外复制 11 朵相同的花。经过处理，最终做出新的一组花的效果。

3．将最终结果以 Xps4-03.tif 为文件名保存在考生文件夹下。

4.4 第 4 题

【操作要求】

通过层的运用，使人的下半身似在水中的效果，最终效果如下图所示。

（参见附图 Xps4-04.tif）

1．调出 C:\2003PS7\Yps4-04.psd 文件，如下图所示。

Yps4-04.psd

2．通过利用层的剪切、调整等技法使人物的下半身似在水中的效果，而上半身未改变。

3．将最终结果以 Xps4-04.psd 为文件名保存在考生文件夹下。

4.5　第 5 题

【操作要求】

通过层的变换、调整，制作水中倒影的效果，最终效果如下图所示。

（参见附图 Xps4-05.tif）

1．调出 C:\2003PS7\Yps4-05.psd 文件，如下图所示。

Yps4-05.psd

2．通过对小鸭的变换、复制等操作，做出小鸭在水中的倒影效果。

3．将最终结果以 Xps4-05.psd 为文件名保存在考生文件夹下。

4.6　第 6 题

【操作要求】

通过层的剪切创建，制作出人套在环圈之间的效果，最终效果如下图所示。

（参见附图 Xps4-06.tif）

1．调出 C:\2003PS7\Yps4a-06.psd 和 C:\2003PS7\Yps4b-06.tif 文件，如下图所示。

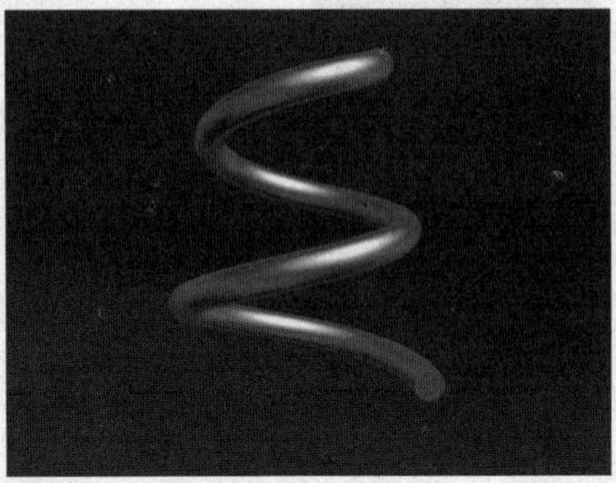

Yps4a-06.psd

Yps4b-06.tif

2．通过人物的层创建、环圈的剪切创建新层等技法，制作出人物套在环圈之中的效果。

3．将最终结果以 Xps4-06.psd 为文件名保存在考生文件夹下。

4.7 第 7 题

【操作要求】

通过层的剪切创建，制作出卡片套在环中的效果。最终效果如下图所示。

（参见附图 Xps4-07.tif）

1．调出 C:\2003PS7\Yps4a-07.psd 和 C:\2003PS7\Yps4b-07.tif 文件，如下图所示。

Yps4a-07.psd

Yps4b-07.tif

2．通过环圈的剪切、创建新层等技法，制作出人物套在环圈之中的效果。

3．将最终结果以 Xps4-07.psd 为文件名保存在考生文件夹下。

4.8 第 8 题

【操作要求】

通过层的运用，制作出钟的倒影和投影效果，最终效果如下图所示。

（参见附图 Xps4-08.tif）

1．调出 C:\2003PS7\Yps4-08.tif 文件，如下图所示。

Yps4-08.tif

2．通过选定、剪切创建新层等技法，制作出钟的倒影和投影效果。

3．将最终结果以 Xps4-08.psd 为文件名保存在考生文件夹下。

4.9 第 9 题

【操作要求】

通过对层的操作，重新置换钟表的位置关系，最终效果图如下所示。

（参见附图 Xps4-09.tif）

1．调出 C:\2003PS7\Yps4-09.psd 文件，如下图所示。

Yps4-09.psd

2．通过层的剪切、创建等技法，将放置在钟前面的 4 只手表重新置位（2 前 2 后）。

3．将最终结果以 Xps4-09.psd 为文件名保存在考生文件夹下。

4.10 第 10 题

【操作要求】

通过图层及效果的灵活运用，制作的图像效果如下图所示。

（参见附图 Xps4-10.tif）

1．建一个新文件，16×12 cm、72 pixels/inch、RGB 模式、白色背景，将画布填充上相应的图案。

2．配合选择工具及样式处理，制作出立体的形状效果。

3．将最终结果以 Xps4-10.tif 为文件名保存在考生文件夹下。

4.11　第 11 题

【操作要求】

通过层的剪切和创建等操作，制作出飞机从云团中冲出的效果，最终效果如下图所示。

（参见附图 Xps4-11.tif）

1．调出 C:\2003PS7\Yps4a-11.tif 和 C:\2003PS7\Yps4b-11.tif 文件，如下图所示。

Yps4a-11.tif

Yps4b-11.tif

2．通过层的复制、变换，调整等操作，将原在灰色背景下的飞机制作成飞机从云团中冲出的效果。

3．将最终结果以 Xps4-11.psd 为文件名保存在考生文件夹下。

4.12 第 12 题

【操作要求】

通过层的技巧运用，制作出飞机从山谷间飞出的效果，最终效果如下图所示。

（参见附图 Xps4-12.tif）

1．调出 C:\2003PS7\Yps4-12.psd 文件，如下图所示。

Yps4-12.psd

2．通过层的剪切、复制等操作，将飞机置于山谷之间，从而产生飞机从山谷间飞出的效果。

3．将最终结果以 Xps4-12.psd 为文件名保存在考生文件夹下。

4.13　第 13 题

【操作要求】

通过层的剪切、创建等技巧，制作出火箭从裂开的地球中冲出的效果，最终效果如下图所示。

（参见附图 Xps4-13.tif）

1．调出文件 C:\2003PS7\Yps4a-13.tif 和 C:\2003PS7\Yps4b-13.tif，如下图所示。

Yps4a-13.tif

Yps4b-13.tif

2．通过层的运用，将一个圆形的地球制作成从中间裂开，并制作出火箭从裂缝中冲出的效果。

3．将最终结果以 Xps4-13.psd 为文件名保存在考生文件夹下。

4.14 第 14 题

【操作要求】

通过层的效果处理，制作出图案立体字和图案辉光的效果。

（参见附图 Xps4-14.tif）

1．调出 C:\2003PS7\Yps4-14.psd，如下图所示。

Yps4-14.psd

2．利用层的效果命令，先制作出“PhotoShop”字样的立体字，再将吉它制成有辉光的效果。

3．将最终结果以 Xps4-14.psd 为文件名保存在考生文件夹下。

4.15　第 15 题

【操作要求】

通过层的技巧运用，制作出人物的倒影效果，最终效果如下图所示。

（参见附图 Xps4-15.tif）

1．调出 C:\2003PS7\Yps4-15.psd，如下图所示。

Yps4-15.psd

2．利用层的复制、变换、控制合成方式等技巧，制作出两个人物在大厅内的倒影效果。

3．将最终结果以 Xps4-15.psd 为文件名保存在考生文件夹下。

4.16　第 16 题

【操作要求】

通过层的技巧运用，制作出字符之间环环相扣的效果。最终效果如下图所示。

（参见附图 Xps4-16.tif）

1．调出 C:\2003PS7\Yps4-16.psd 文件，如下图所示。

Yps4-16.psd

2．将蓝色的字符“0”与绿色的字符“0”作成环环相扣的效果。

3．将最终结果以 Xps4-16.psd 为文件名保存在考生文件夹下。

4.17　第 17 题

【操作要求】

通过图层掩膜的运用，制作出几幅图片的合成效果，最终效果图如下所示。

（参见附图 Xps4-17.tif）

1．调出文件 C:\2003PS7\Yps4a-17.tif、C:\2003PS7\Yps4b-17.tif 和 C:\2003PS7\Yps4c-17.tif，如下图所示。

Yps4a-17.tif

Yps4b-17.tif

Yps4c-17.tif

2．利用层的掩膜技巧，将三幅图片进行合成处理，确保图片之间不留下生硬的边界。

3．将最终结果以 Xps4-17.psd 为文件名保存在考生文件夹下。

4.18 第 18 题

【操作要求】

通过图层掩膜的运用，制作出几幅图片的合成效果，最终效果图如下所示。

（参见附图 Xps4-18.tif）

1．调出 C:\2003PS7\Yps4a-18.tif、C:\2003PS7\Yps4b-18.tif 和 C:\2003PS7\Yps4c-18.tif，如下图所示。

Yps4a-18.tif

Yps4b-18.tif

Yps4c-18.tif

2．利用层的掩膜技巧，将三幅图片进行合成处理，确保图片之间不留下生硬的边界。

3．将最终结果以 Xps4-18.psd 为文件名保存在考生文件夹下。

4.19　第 19 题

【操作要求】

通过层的合成模式，将天空的图片制作成怀表的底纹效果。

（参见附图 Xps4-19.tif）

1．调出 C:\2003PS7\Yps4a-19.psd 和 C:\2003PS7\Yps4b-19.tif，如下图所示。

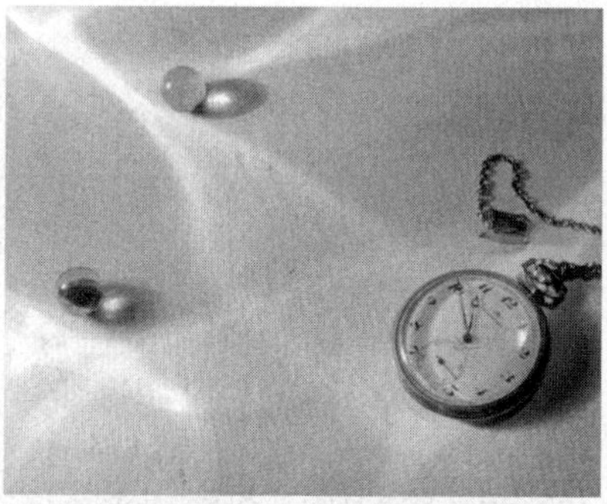

Yps4a-19.psd

Yps4b-19.tif

2．将怀表进行复制、变换，并通过层的合成模式控制将天空图案制作成怀表的底纹图案（要求两个怀表的底纹明暗效果不同）。

3．将最终结果以 Xps4-19.psd 为文件名保存在考生文件夹下。

4.20　第 20 题

【操作要求】

通过层的掩膜和层信息调整的技巧，制作出热气球在天空云彩间飞行的效果，最终效果图如下所示。

（参见附图 Xps4-20.tif）

1．调出文件 C:\2003PS7\Yps4a-20.tif 和 C:\2003PS7\Yps4b-20.tif，如下图所示。

Yps4a-20.tif

Yps4b-20.tif

2．利用层的掩膜技巧，使地面上的热气球似飞上天空，并通过层的信息调整，把气球调整成似在云彩之间飘浮的效果。

3．将最终结果以 Xps4-20.psd 为文件名保存在考生文件夹下。

第五单元　色彩修饰

5.1　第 1 题

【操作要求】

通过对图像模式的转换及色彩调整，将无色彩的图像制作成色彩艳丽的图像效果，最终效果如下图所示。

（参见附图 Xps5-01.tif）

1．调出 C:\2003PS7\Yps5-01.tif 文件，如下图所示。

Yps5-01.tif

2．进行色彩模式的转换及色相调整。

3．将最终结果以 Xps5-01.tif 为文件名保存在考生文件夹下。

5.2　第 2 题

【操作要求】

通过调整使图像色彩更加鲜艳，最终效果如下图所示。

（参见附图 Xps5-02.tif）

1．调出文件 C:\2003PS7\Yps5-02.tif，如下图所示。

Yps5-02.tif

2．将树叶的颜色调至更鲜艳，并将白色的花朵调整为黄色。

3．将最终结果以 Xps5-02.tif 为文件名保存在考生文件夹下。

5.3 第3题

【操作要求】

通过调整改变花的颜色，并制作出图像中间为彩色，四周为灰色的效果，最终效果如下图所示。

（参见附图 Xps5-03.tif）

1．调出文件 C:\2003PS7\Yps5-03.tif，如下图所示。

Yps5-03.tif

2．将图像的中间以外部分调整成灰度的效果；将图像的中间部分分为四份，将右上部分调整为绿色，左下部分换成黄色。

3．将最终结果以 Xps5-03.tif 为文件名保存在考生文件夹下。

5.4 第 4 题

【操作要求】

通过对图像亮度及色彩的调整，使背景清晰、花瓣色彩改变，最终效果如下图所示。

（参见附图 Xps5-04.tif）

1．调出 C:\2003PS7\Yps5-04.tif 文件，如下图所示。

Yps5-04.tif

2．将图像进行亮度调整（有明显的草地），并将原图像中黄色花瓣的黄色成分降低调整为红色（只改变花瓣色彩）。

3．将最终结果以 Xps5-04.tif 为文件名保存在考生文件夹下。

5.5 第 5 题

【操作要求】

通过调整使图像的亮度均衡，并将黄色的花蕊替换成紫红色花蕊，最终效果如下图所示。

（参见附图 Xps5-05.tif）

1．调出 C:\2003PS7\Yps5-05.tif 文件，如下图所示。

Yps5-05.tif

2．调整亮度均衡直至能看到绿色的叶茎，并调整花蕊的颜色为紫红色。

3．将最终结果以 Xps5-05.tif 为文件名（CMYK 模式）保存在考生文件夹下。

5.6 第 6 题

【操作要求】

通过调整使图像呈负片效果，并将图像的右半部分调整呈手绘效果，最终效果如下图所示。

（参见附图 Xps5-06.tif）

1．调出 C:\2003PS7\Yps5-06.tif 文件，如下图所示。

Yps5-06.tif

2．将图像调整为负片效果，并将右半边调整为手绘效果。

3．将最终结果以 Xps5-06.tif 为文件名保存在考生文件夹下。

5.7 第 7 题

【操作要求】

通过调整图像色彩，制作出相似于旧图片的效果，最终效果如下图所示。

（参见附图 Xps5-07.tif）

1．调出文件 C:\2003PS7\Yps5-07.jpg，如下图所示。

Yps5-07.jpg

2．将色彩调成旧图片的效果。

3．将最终结果以 Xps5-07.tif 为文件名保存在考生文件夹下。

5.8 第 8 题

【操作要求】

通过调整使图像中叶片呈翠绿效果，最终效果如下图所示。

（参见附图 Xps5-08.tif）

1．调出 C:\2003PS7\Yps5-08.tif 文件，如下图所示。

Yps5-08.tif

2．将图像调整成一幅翠绿色叶片效果（调整亮度、反差及色相）。

3．将最终结果以 Xps5-08.tif 为文件名保存在考生文件夹下。

5.9 第9题

【操作要求】

通过调整将一个灰度倒立图像制作成有色彩效果的正立图像，最终效果如下图所示。

（参见附图 Xps5-09.tif）

1．调出 C:\2003PS7\Yps5-09.tif 文件，如下图所示。

Yps5-09.tif

2．将倒立图像端正，并调整成有色彩效果。

3．将最终结果以 Xps5-09.tif 为文件名保存在考生文件夹下。

5.10 第 10 题

【操作要求】

通过调整将部分图像制作出单色效果，最终效果如下图所示。

（参见附图 Xps5-10.tif）

1．调出文件 C:\2003PS7\Yps5-10.tif，如下图所示。

Yps5-10.tif

2．将除中间这朵花之外的所有图像调整成绿色的单色效果，并增加中间那朵花的洋红色。

3．将最终结果以 Xps5-10.tif 为文件名保存在考生文件夹下。

5.11 第 11 题

【操作要求】

通过图像的备份及调整，制作两幅不同背景的图像，最终效果如下图所示。

（参见附图 Xps5a-11.tif）

（参见附图 Xps5b-11.tif）

1．调出 C:\2003PS7\Yps5-11.tif 文件，如下图所示，并进行备份。

Yps5-11.tif

2．对其中一幅图像进行背景灰度化调整，将最终结果以 Xps5a-11.tif 为文件名（RGB 模式）保存在考生文件夹下。

3．对另一备份图像背景进行换色，将最终结果以 Xps5b-11.tif 为文件名（RGB 模式）保存在考生文件夹下。

5.12 第 12 题

【操作要求】

通过调整使图像呈手绘效果，最终效果如下图所示。

（参见附图 Xps5-12.tif）

1．调出 C:\2003PS7\Yps5-12.tif 文件，如下图所示。

Yps5-12.tif

2．通过调整做出手绘效果并扩大画布（width=17cm、Height=15cm），图像四周留白。

3．将最终结果以 Xps5-12.tif 为文件名保存在考生文件夹下。

5.13 第 13 题

【操作要求】

通过调整改变花的色相，并调整图像的亮度，最终效果如下图所示。

（参见附图 Xps5-13.tif）

1．调出 C:\2003PS7\Yps5-13.tif 文件，如下图所示。

Yps5-13.tif

2．将紫色花朵调整为红色，并将整个图像的亮度降低。

3．将最终结果以 Xps5-13.tif 为文件名（256 色色彩限制的彩色模式）保存在考生文件夹下。

5.14 第 14 题

【操作要求】

通过调整使图像更清晰，且花蕊的颜色变成红色，最终效果如下图所示。

（参见附图 Xps5-14.tif）

1．调出 C:\2003PS7\Yps5-14.tif 文件，如下图所示。

Yps5-14.tif

2．将图像的亮度提高，并将黄色花蕊通过改变油墨百分比调整成红色花蕊。

3．将最终结果以 Xps-14.tif 为文件名（CMYK 模式）保存在考生文件夹下。

5.15　第 15 题

【操作要求】

通过调整将灰暗的图像制作出非常鲜艳的色彩效果，最终效果如下图所示。

（参见附图 Xps5-15.tif）

1．调出 C:\2003PS7\Yps5-15.tif 文件，如下图所示。

Yps5-15.tif

2．将灰蒙蒙、色彩暗淡的图像调整成非常鲜艳的效果（反差提高、饱和度提高）。

3．将最终结果以 Xps5-15.tif 为文件名（256 色色彩限制的彩色模式）保存在考生文件夹下。

5.16 第 16 题

【操作要求】

通过色彩调整使原图更柔和，最终效果如下图所示。

（参见附图 Xps5-16.tif）

1．调出 C:\2003PS7\Yps5-16.tif 文件，如下图所示。

Yps5-16.tif

2．通过色彩调整将颜色生硬、图像偏暗的原图像制作出亮度适中、颜色柔和的效果（降低饱和度、提高亮度和反差度）。

3．将最终结果以 Xps5-16.tif 为文件名保存在考生文件夹下。

5.17　第 17 题

【操作要求】

通过图像的备份、模式转换及色彩调整，制作出两幅单色图像（要求模式不同），最终效果如下图所示。

（参见附图 Xps5a-17.tif）

（参见附图 Xps5b-17.tif）

1．调出 C:\2003PS7\Yps5-17.tif 文件，如下图所示，备份 1 个图像。

Yps5-17.tif

2. 将其中一幅通过色相调整做出单色效果，以 CMYK 模式保存在 Xps5a-17.tif 文件中。

3．将另一幅通过模式转换做出单色效果，并以 Xps5b-17.tif 为文件名（双色调模式，纯红、纯黄两色）保存在考生文件夹下。

5.18 第 18 题

【操作要求】

通过色彩调整使一幅图像呈现三种色彩效果，最终效果如下图所示。

（参见附图 Xps5-18.tif）

1．调出 C:\2003PS7\Yps5-18.tif 文件，如下图所示。

Yps5-18.tif

2．将图像分为三部分进行调整：一部分呈灰度、一部分呈补色、一部分色相不变但饱和度提高。

3．将最终结果以 Xps5-18.tif 为文件名（CMYK 模式）保存在考生文件夹下。

5.19 第 19 题

【操作要求】

通过对图像的备份、模式转换，将一幅 RGB 模式的图像制作成位图和双色调模式的图像，最终效果如下图所示。

（参见附图 Xps5a-19.tif）

（参见附图 Xps5b-19.tif）

1．调出 C:\2003PS7\Yps5-19.tif 文件，如下图所示，备份一个新文件。

Yps5-19.tif

2．对一文件进行模式转换，以 Xps5a-19.tif 为文件名（Diffusion Dither 的位图模式）保存在考生文件夹下。

3．将另一个文件以 Xps5b-19.psd 为文件名（双色调模式、单色 M100%）保存在考生文件夹下。

5.20 第 20 题

【操作要求】

通过色彩调整及模式转换，改变图像的整体颜色，最终效果如下图所示。

（参见附图 Xps5-20.tif）

1．调出 C:\2003PS7\Yps5-20.tif 文件，如下图所示。

Yps5-20.tif

2．将倾斜的图像端正，并进行图像可视化调整（Variations）提高亮度，加重绿色。

3．将最终结果以 Xps5-20.tif 为文件名（索引彩色模式）保存在考生文件夹下。

第六单元　滤镜效果

6.1　第 1 题

【操作要求】

通过对图像进行滤镜处理，产生特殊的灯光效果及浮雕纹理效果，最终效果参见附图。

1. 调出文件 C:\2003PS7\Yps6a-01.tif，做出落地灯的光线效果（白光、绿光）。将最终结果以 Xps6a-01.tif 为文件名保存在考生文件夹下。

（参见附图 Xps6a-01.tif）

Yps6a-01.tif

2. 调出文件 C:\2003PS7\Yps6b-01.tif，做出镜头光折射效果。将最终结果以 Xps6b-01.tif 为文件名保存在考生文件夹下。

（参见附图 Xps6b-01.tif）

Yps6b-01.tif

3. 调出文件 C:\2003PS7\Yps6a-01.tif 和 C:\2003PS7\Yps6c-01.tif，做出有浮雕纹理效果。将最终结果以 Xps6c-01.tif 为文件名保存在考生文件夹下。

（参见附图 Xps6c-01.tif）

Yps6c-01.tif

6.2 第 2 题

【操作要求】

通过对图像进行滤镜处理，产生特殊的石雕、素描、挂网效果，最终效果参见附图。

1．调出文件 C:\2003PS7\Yps6a-02.tif，对图像进行浮雕处理后再进行漫射处理（背景色为白色），产生一种石雕效果。将最终结果以 Xps6a-02.tif 为文件名保存在考生文件夹下。

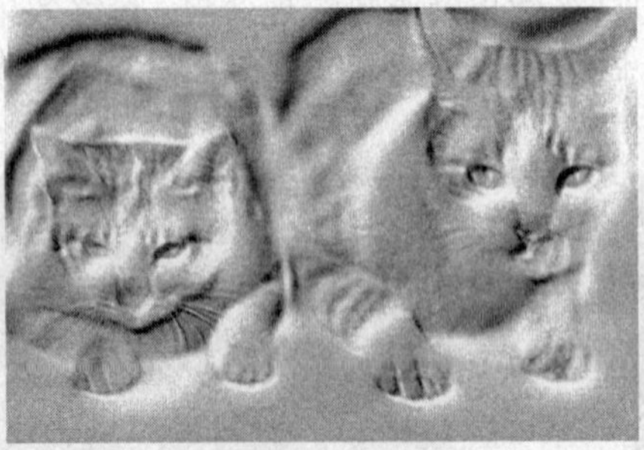

（参见附图 Xps6a-02.tif）

Yps6a-02.tif

2．调出文件 C:\2003PS7\Yps6a-02.tif，对图像进行勾勒边界的效果处理。将最终结果以 Xps6b-02.tif 为文件名保存在考生文件夹下。

（参见附图 Xps6b-02.tif）

3．调出文件 C:\2003PS7\Yps6a-02.tif，对图像进行磁砖效果处理。将最终结果以 Xps6c-02.tif 为文件名保存在考生文件夹下。

（参见附图 Xps6c-02.tif）

6.3　第 3 题

【操作要求】

通过对图像进行滤镜处理，产生各种特殊的模糊效果，最终效果参见附图。

1．调出文件 C:\2003PS7\Yps6a-03.psd，对图像进行模糊处理产生运动效果，将最终结果以 Xps6a-03.tif 为文件名保存在考生文件夹下。

（参见附图 Xps6a-03.tif）

Yps6a-03.psd

2．调出文件 C:\2003PS7\Yps6b-03.psd，对图像进行模糊处理，将最终结果以 Xps6b-03.tif 为文件名保存在考生文件夹下。

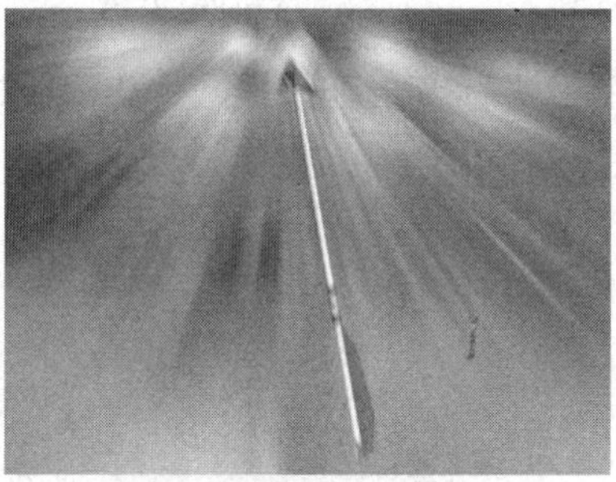

（参见附图 Xps6b-03.tif）

Yps6b-03.psd

3．调出文件 C:\2003PS7\Yps7-05.tif，对图像进行模糊处理，将最终结果以 Xps6c-03.tif 为文件名保存在考生文件夹下。

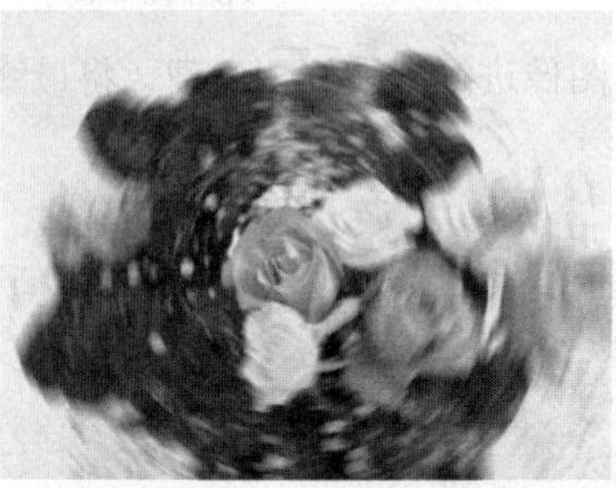

（参见附图 Xps6c-03.tif）

Yps7-05.tif

6.4 第 4 题

【操作要求】

通过对图像进行滤镜处理，产生各种变形效果，最终效果参见附图。

1．调出文件 C:\2003PS7\Yps8b-20.tif，对图像进行变形处理，将最终结果以 Xps6a-04.tif 为文件名保存在考生文件夹下。

（参见附图 Xps6a-04.tif）

Yps8b-20.tif

2．调出文件 C:\2003PS7\Yps7-05.tif，对图像进行变形处理，产生旋涡效果，将最终结果以 Xps6b-04.tif 为文件名保存在考生文件夹下。

（参见附图 Xps6b-04.tif）

Yps7-05.tif

3．调出文件 C:\2003PS7\Yps7-05.tif，对图像进行水波纹理处理，将最终结果以 Xps6c-04.tif 为文件名保存在考生文件夹下。

（参见附图 Xps6c-04.tif）

6.5　第 5 题

【操作要求】

通过对图像进行滤镜处理，产生各种波纹效果，最终效果参见附图。

1. 调出文件 C:\2003PS7\Yps7-05.tif，对图像进行正弦波处理，将最终结果以 Xps6a-05.tif 为文件名保存在考生文件夹下。

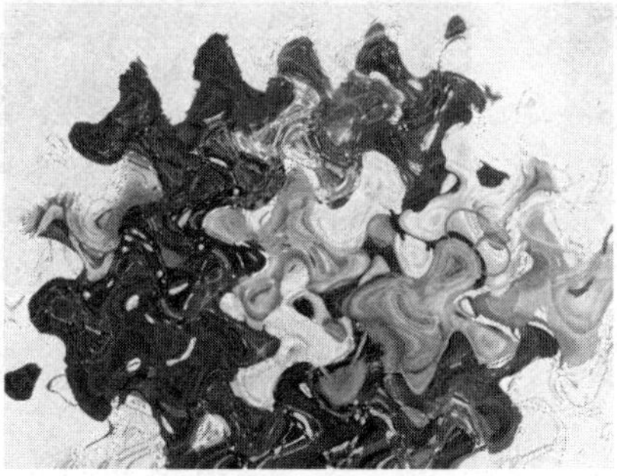

（参见附图 Xps6a-05.tif）

Yps7-05.tif

2. 调出文件 C:\2003PS7\Yps7-05.tif，对图像进行三角波处理，将最终结果以 Xps6b-05.tif 为文件名保存在考生文件夹下。

（参见附图 Xps6b-05.tif）

3. 调出文件 C:\2003PS7\Yps7-05.tif，对图像进行方波处理，将最终结果以 Xps6c-05.tif 为文件名保存在考生文件夹下。

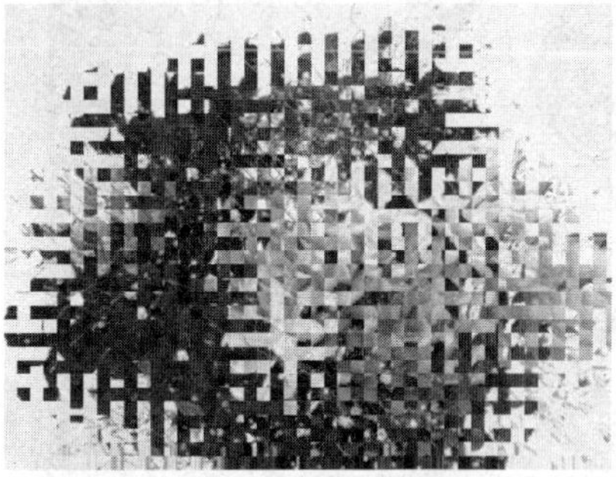

（参见附图 Xps6c-05.tif）

6.6　第 6 题

通过对图像进行滤镜处理，产生扭曲、挤压、球体化效果，最终效果参见附图。

1．调出文件 C:\2003PS7\Yps6a-06.tif，对图像进行挤压处理。将最终结果以 Xps6a-06.tif 为文件名保存在考生文件夹下。

（参见附图 Xps6a-06.tif）

Yps6a-06.tif

2．调出文件 C:\2003PS7\Yps6a-06.tif，对图像进行球体化处理，将最终结果以 Xps6b-06.tif 为文件名保存在考生文件夹下。

（参见附图 Xps6b-06.tif）

3．调出文件 C:\2003PS7\Yps6c-06.tif，对图像进行扭曲处理，将最终结果以 Xps6c-06.tif 为文件名保存在考生文件夹下。

（参见附图 Xps6c-06.tif）

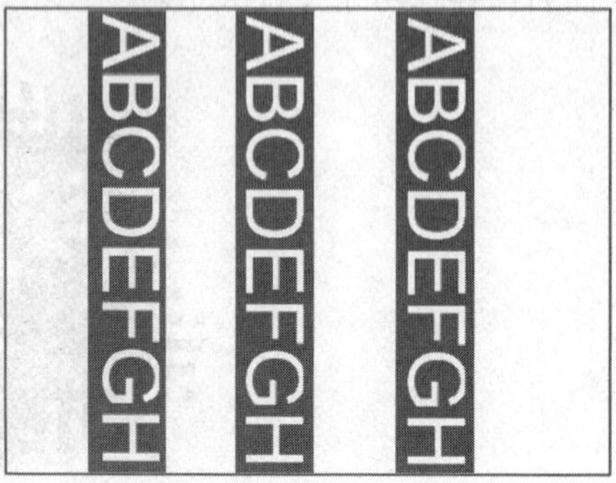

Yps6c-06.tif

6.7 第 7 题

【操作要求】

通过对图像进行滤镜处理，产生各种质地效果，最终效果参见附图。

1．调出文件 C:\2003PS7\Yps6a-07.tif，对图像进行水涟漪效果处理，将最终结果以 Xps6a-07.tif 为文件名保存在考生文件夹下。

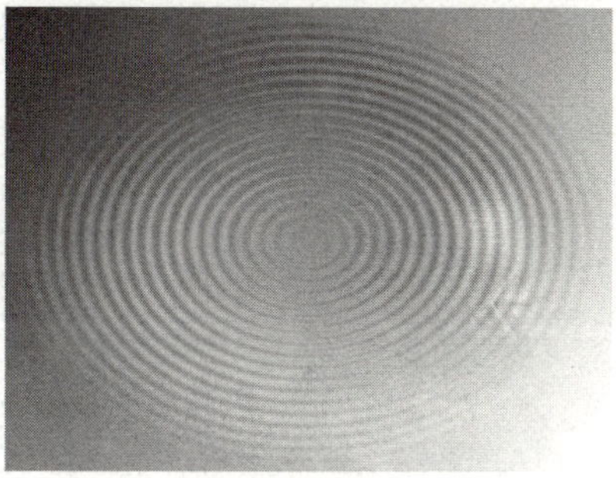

（参见附图 Xps6a-07.tif）

Yps6a-07.tif

2．调出文件 C:\2003PS7\Yps7-05.tif，对图像进行风的效果处理。将最终结果以 Xps6b-07.tif 为文件名保存在考生文件夹下。

（参见附图 Xps6b-07.tif）

Yps7-05.tif

3．调出文件 C:\2003PS7\Yps7-05.tif，对图像进行玻璃质地的效果处理，将最终结果以 Xps6c-07.tif 为文件名保存在考生文件夹下。

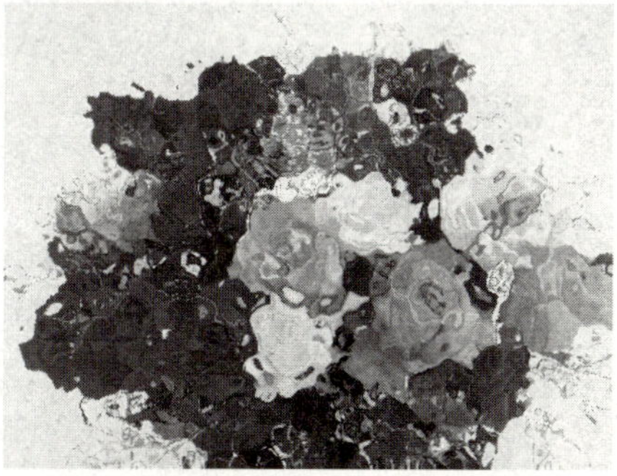

（参见附图 Xps6c-07.tif）

6.8 第 8 题

【操作要求】

通过对图像进行滤镜处理，产生图像块状化效果，最终效果参见附图。

1. 调出文件 C:\2003PS7\Yps7-05.tif，对图像进行晶体化处理，将最终结果以 Xps6a-08.tif 为文件名保存在考生文件夹下。

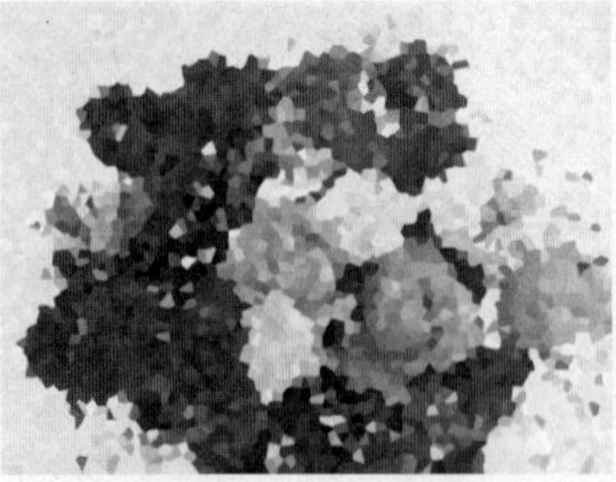

（参见附图 Xps6a-08.tif）

Yps7-05.tif

2. 调出文件 C:\2003PS7\Yps7-05.tif，对图像进行圆点分块处理，将最终结果以 Xps6b-08.tif 为文件名保存在考生文件夹下。

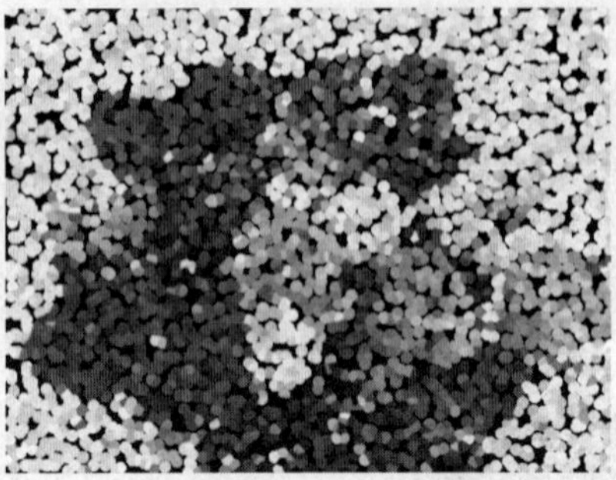

（参见附图 Xps6b-08.tif）

3. 调出文件 C:\2003PS7\Yps7-05.tif，对图像进行彩色半色调处理，将最终结果以 Xps6c-08.tif 为文件名保存在考生文件夹下。

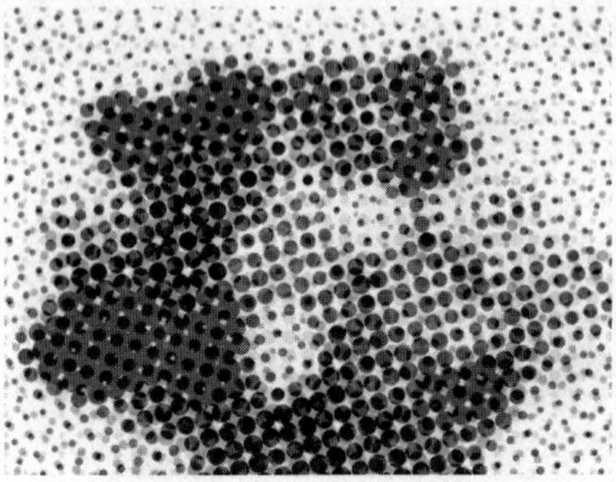

（参见附图 Xps6c-08.tif）

6.9 第9题

【操作要求】

通过对图像进行滤镜处理，产生虚化、块状化等效果，最终效果参见附图。

1．调出文件 C:\2003PS7\Yps7-05.tif，对图像进行不聚焦虚化处理，将最终结果以 Xps6a-09.tif 为文件名保存在考生文件夹下。

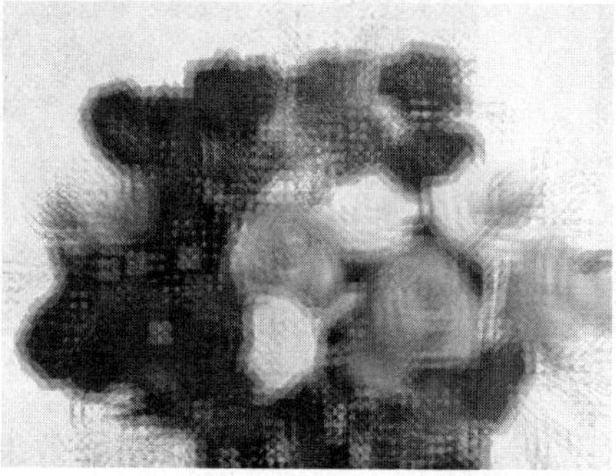

（参见附图 Xps6a-09.tif）

Yps7-05.tif

2．调出文件 C:\2003PS7\Yps7-05.tif，对图像进行点画处理，将最终结果以 Xps6b-09.tif 为文件名保存在考生文件夹下。

（参见附图 Xps6b-09.tif）

3．调出文件 C:\2003PS7\Yps7-05.tif，对图像进行晶体化处理，将最终结果以 Xps6c-09.tif 为文件名保存在考生文件夹下。

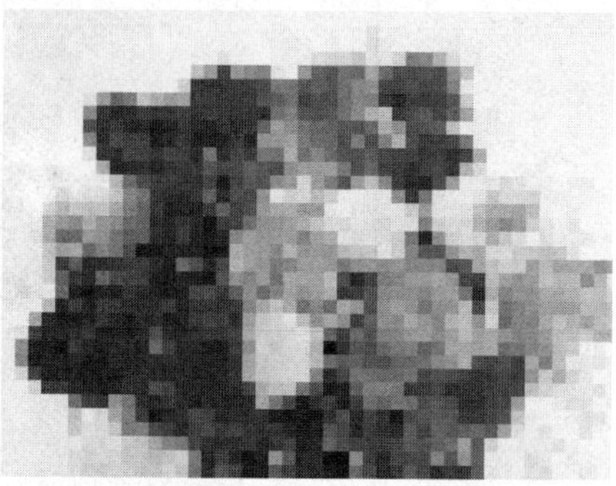

（参见附图 Xps6c-09.tif）

6.10 第 10 题

【操作要求】

通过对图像进行滤镜处理，产生立体块状化、勾勒边界效果，最终效果参见附图。

1．调出文件 C:\2003PS7\Yps6a-10.tif，对图像进行立体块状化处理，将最终结果以 Xps6a-10.tif 为文件名保存在考生文件夹下。

（参见附图 Xps6a-10.tif）

Yps6a-10.tif

2．调出文件 C:\2003PS7\Yps6b-10.tif，对图像进行彩色勾边（类似灯管效果），将最终结果以 Xps6b-10.tif 为文件名保存在考生文件夹下。

（参见附图 Xps6b-10.tif）

Yps6b-10.tif

3．调出文件 C:\2003PS7\Yps6c-10.tif，对图像进行描边处理，将最终结果以 Xps6c-10.tif 为文件名保存在考生文件夹下。

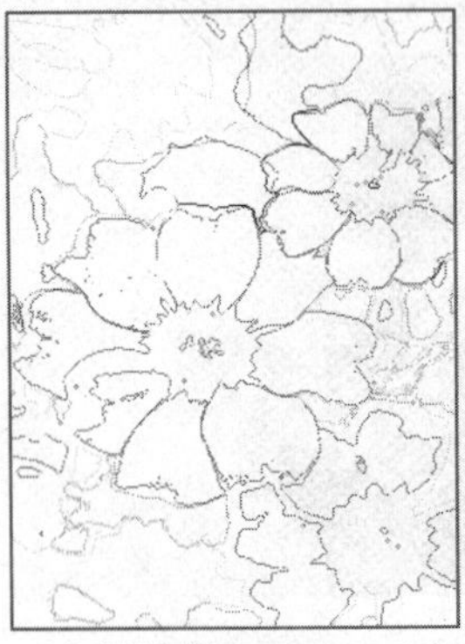

（参见附图 Xps6c-10.tif）

Yps6c-10.tif

6.11　第 11 题

【操作要求】

通过对图像进行滤镜处理，产生各种质地效果，最终效果参见附图。

1．调出文件 C:\2003PS7\Yps6a-11.tif，对图像进行质地处理，将最终结果以 Xps6a-11.tif 为文件名保存在考生文件夹下。

（参见附图 Xps6a-11.tif）

Yps6a-11.tif

2．调出文件 C:\2003PS7\Yps6b-11.tif，对图像进行质地处理（类似马赛克效果），将最终结果以 Xps6b-11.tif 为文件名保存在考生文件夹下。

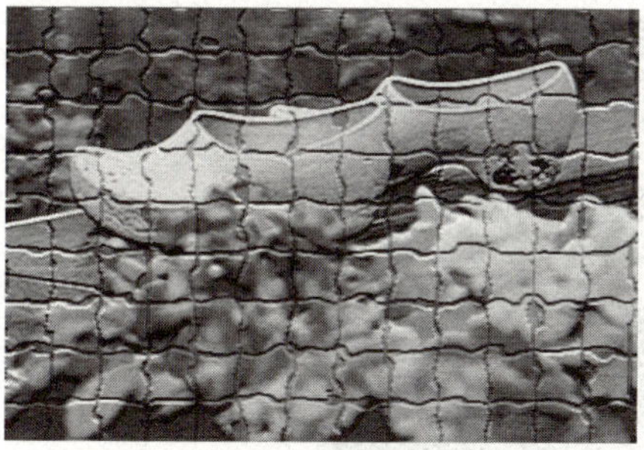

（参见附图 Xps6b-11.tif）

Yps6b-11.tif

3．调出文件 C:\2003PS7\Yps6c-11.tif，对图像进行质地处理（类似砖墙效果），将最终结果以 Xps6c-11.tif 为文件名保存在考生文件夹下。

（参见附图 Xps6c-11.tif）

Yps6c-11.tif

6.12 第 12 题

【操作要求】

通过对图像进行滤镜处理，产生各种质地效果，最终效果参见附图。

1．调出文件 C:\2003PS7\Yps6a-12.tif，对图像进行玻璃质地处理，将最终结果以 Xps6a-12.tif 为文件名保存在考生文件夹下。

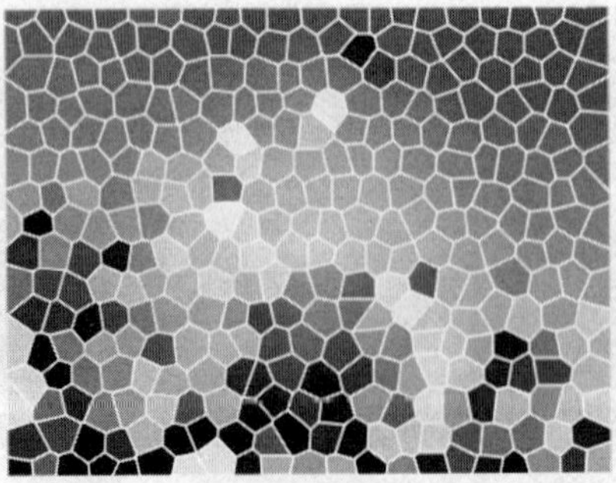

（参见附图 Xps6a-12.tif）

Yps6a-12.tif

2．调出文件 C:\2003PS7\Yps6a-12.tif，对图像进行凹凸质地处理，将最终结果以 Xps6b-12.tif 为文件名保存在考生文件夹下。

（参见附图 Xps6b-12.tif）

3．调出文件 C:\2003PS7\Yps6c-12.psd 和 C:\2003PS7\Yps6d-12.tif，在 Yps6d-12.tif 文件中制作出用 Yps6c-12.tif 文件平铺的凹凸质地效果，将最终结果以 Xps6c-12.tif 为文件名保存在考生文件夹下。

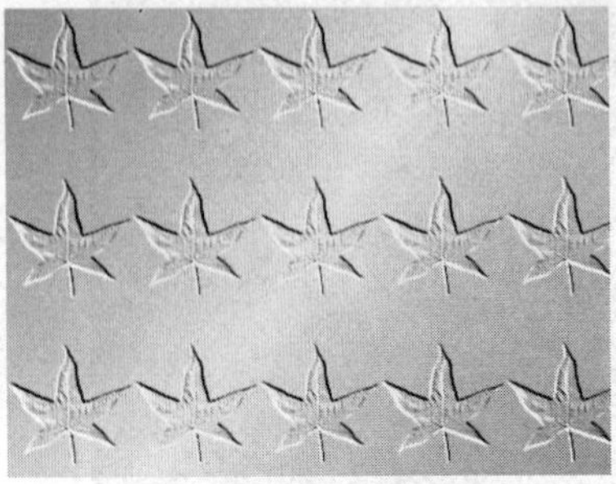

（参见附图 Xps6c-12.tif）

Yps6c-12.tif

Yps6d-12.tif

6.13　第 13 题

【操作要求】

通过对图像进行滤镜处理，产生负片、变形等效果，最终效果参见附图。

1．调出文件 C:\2003PS7\Yps6a-13.tif，对图像进行负片处理，将最终结果以 Xps6a-13.tif 为文件名保存在考生文件夹下。

（参见附图 Xps6a-13.tif）

Yps6a-13.tif

2．调出文件 C:\2003PS7\Yps6a-13.tif，对图像进行点画处理，将最终结果以 Xps6b-13.tif 为文件名保存在考生文件夹下。

（参见附图 Xps6b-13.tif）

3．调出文件 C:\2003PS7\Yps6a-13.tif，对图像进行极坐标变形处理，将最终结果以 Xps6c-13.tif 为文件名保存在考生文件夹下。

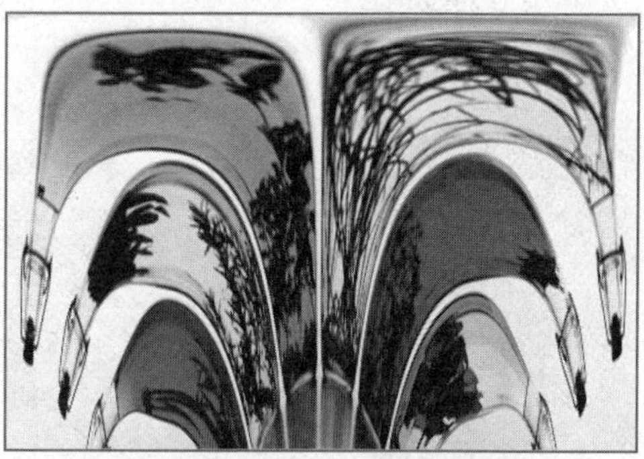

（参见附图 Xps6c-13.tif）

6.14 第 14 题

【操作要求】

通过对图像进行滤镜处理，产生塑包、压印、网线阴影效果，最终效果参见附图。

1．调出文件 C:\2003PS7\Yps6a-14.tif，对图像进行塑包效果处理，将最终结果以 Xps6a-14.tif 为文件名保存在考生文件夹下。

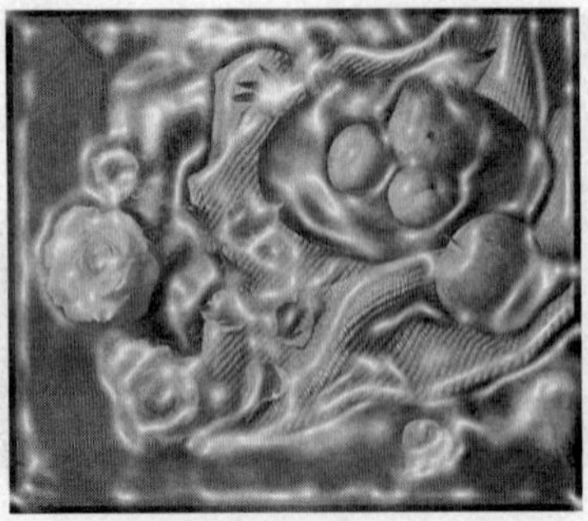

（参见附图 Xps6a-14.tif）

Yps6a-14.tif

2．调出文件 C:\2003PS7\Yps6b-14.tif，对图像进行压印效果处理（将前景色设置为 R255、G0、B0），将最终结果以 Xps6b-14.tif 为文件名保存在考生文件夹下。

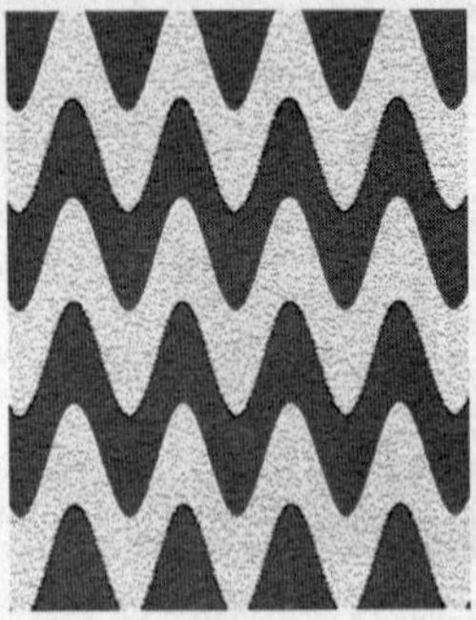

（参见附图 Xps6b-14.tif）

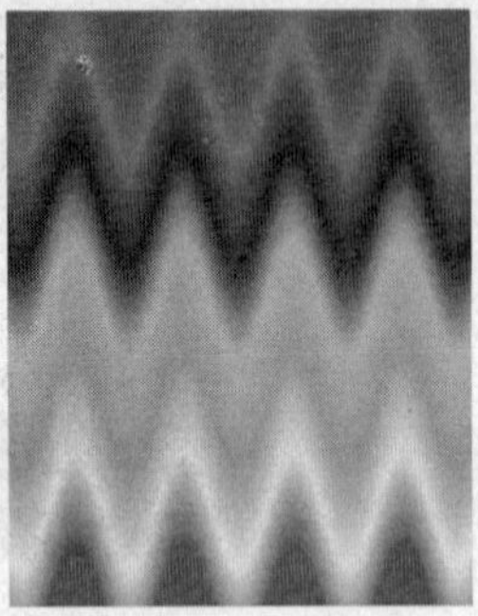

Yps6b-14.tif

3．调出文件 C:\2003PS7\Yps6c-14.tif，对图像进行网线阴影效果处理，将最终结果以 Xps6c-14.tif 为文件名保存在考生文件夹下。

（参见附图 Xps6c-14.tif）

Yps6c-14.tif

6.15　第 15 题

【操作要求】

通过对图像进行滤镜处理，产生图像被挤压、勾边、纹理化效果，最终效果参见附图。

1．调出文件 C:\2003PS7\Yps6a-06.tif，对图像进行挤压处理，将最终结果以 Xps6a-15.tif 为文件名保存在考生文件夹下。

（参见附图 Xps6a-15.tif）

Yps6a-06.tif

2．调出文件 C:\2003PS7\Yps6b-15.tif，对图像进行素描效果处理，将最终结果以 Xps6b-15.tif 为文件名保存在考生文件夹下。

（参见附图 Xps6b-15.tif）

Yps6b-15.tif

3．调出文件 C:\2003PS7\Yps6c-15.tif，对图像进行质地化处理（类似布纹），将最终结果以 Xps6c-15.tif 为文件名保存在考生文件夹下。

（参见附图 Xps6c-15.tif）

Yps6c-15.tif

6.16 第 16 题

【操作要求】

通过对图像进行滤镜处理，产生灯光、浅浮雕、辐射模糊效果，最终效果参见附图。

1．调出文件 C:\2003PS7\Yps6a-16.tif，对图像进行镜头灯光处理，将最终结果以 Xps6a-16.tif 为文件名保存在考生文件夹下。

（参见附图 Xps6a-16.tif）

Yps6a-16.tif

2．调出文件 C:\2003PS7\Yps6b-16.tif，对图像进行浅浮雕处理，将最终结果以 Xps6b-16.tif 为文件名保存在考生文件夹下。

（参见附图 Xps6b-16.tif）

Yps6b-16.tif

3．调出文件 C:\2003PS7\Yps6c-16.tif，对图像进行辐射模糊处理，将最终结果以 Xps6c-16.tif 为文件名保存在考生文件夹下。

（参见附图 Xps6c-16.tif）

Yps6c-16.tif

6.17　第 17 题

【操作要求】

通过对图像进行滤镜处理，产生变形效果，最终效果参见附图。

1．调出文件 C:\2003PS7\Yps6a-17.tif，对图像进行极坐标处理，将最终结果以 Xps6a-17.tif 为文件名保存在考生文件夹下。

（参见附图 Xps6a-17.tif）

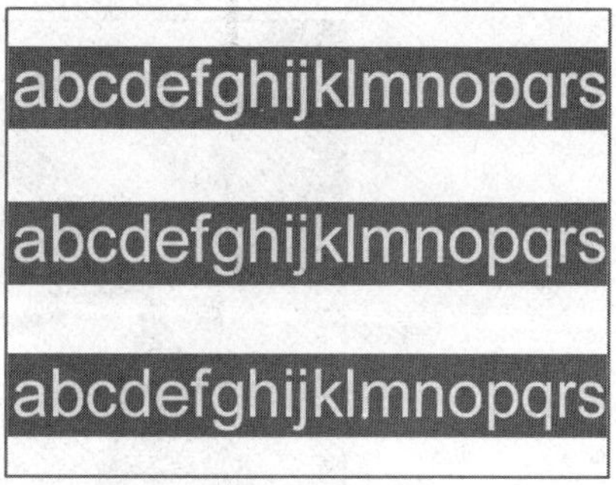

Yps6a-17.tif

2．调出文件 C:\2003PS7\Yps6a-17.tif，对图像进行水波浪处理（三角波效果），将最终结果以 Xps6b-17.tif 为文件名保存在考生文件夹下。

（参见附图 Xps6b-17.tif）

3．调出文件 C:\2003PS7\Yps6c-17.tif，对图像进行水波浪处理（方波效果），将最终结果以 Xps6c-17.tif 为文件名保存在考生文件夹下。

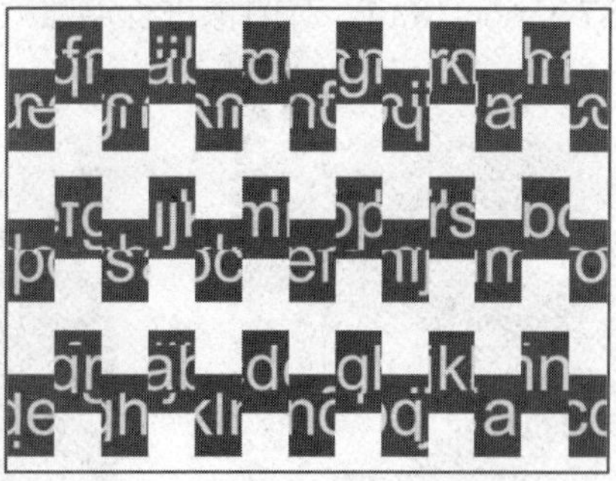

（参见附图 Xps6c-17.tif）

6.18 第 18 题

【操作要求】

通过对图像进行滤镜处理，产生变形、块状化、浮雕效果，最终效果参见附图。

1．调出文件 C:\2003PS7\Yps6a-18.tif，对图像进行极坐标变形处理，将最终结果以 Xps6a-18.tif 为文件名保存在考生文件夹下。

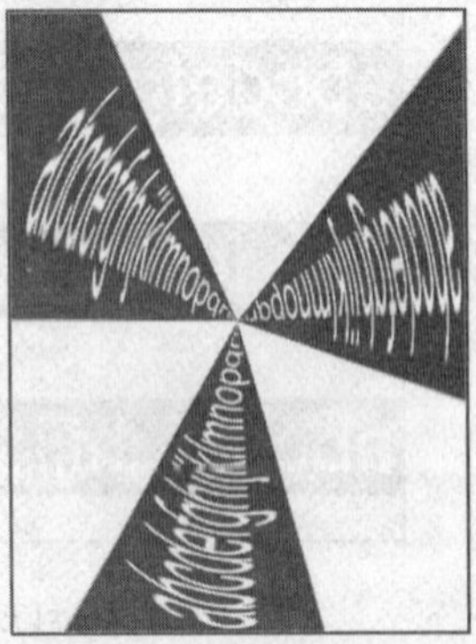

（参见附图 Xps6a-18.tif）

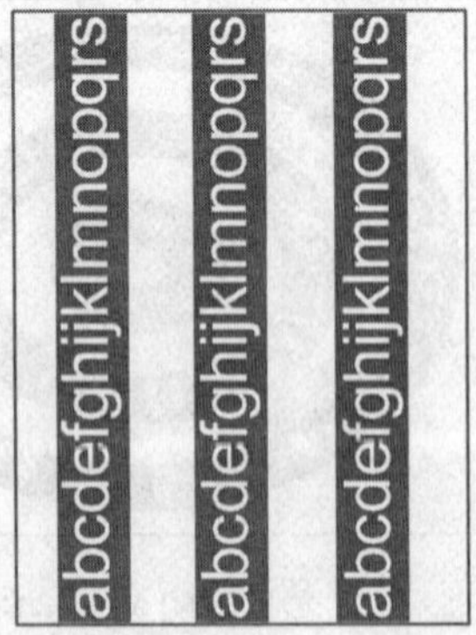

Yps6a-18.tif

2．调出文件 C:\2003PS7\Yps6b-18.tif，对图像进行块状化处理（类似晶体），将最终结果以 Xps6b-18.tif 为文件名保存在考生文件夹下。

（参见附图 Xps6b-18.tif）

Yps6b-18.tif

3．调出文件 C:\2003PS7\Yps6c-18.tif，对图像进行浮雕效果处理（灯光效果），将最终结果以 Xps6c-18.tif 为文件名保存在考生文件夹下。

（参见附图 Xps6c-18.tif）

Yps6c-18.tif

6.19　第 19 题

【操作要求】

通过对图像进行滤镜处理，产生块状化、浮雕、玻璃质地效果，最终效果参见附图。

1. 调出文件 C:\2003PS7\Yps6a-19.tif，对图像进行块状化处理，将最终结果以 Xps6a-19.tif 为文件名保存在考生文件夹下。

（参见附图 Xps6a-19.tif）

Yps6a-19.tif

2．调出文件 C:\2003PS7\Yps6b-19.tif，对图像进行浮雕处理（灯光效果），将最终结果以 Xps6b-19.tif 为文件名保存在考生文件夹下。

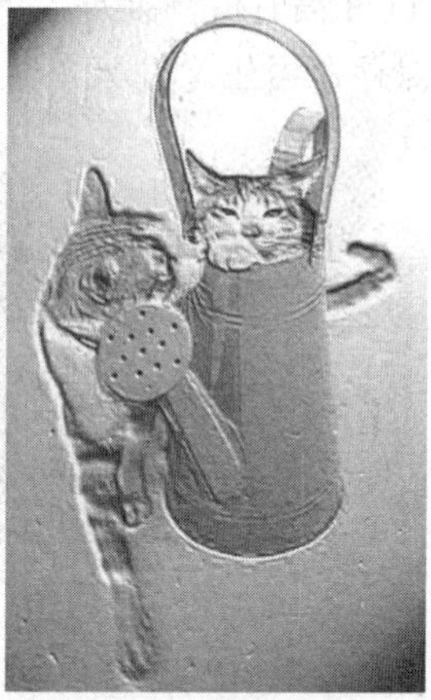

（参见附图 Xps6b-19.tif）

Yps6b-19.tif

3．调出文件 C:\2003PS7\Yps6c-19.tif，对图像进行变形，制作出类似玻璃质地的效果，将最终结果以 Xps6c-19.tif 为文件名保存在考生文件夹下。

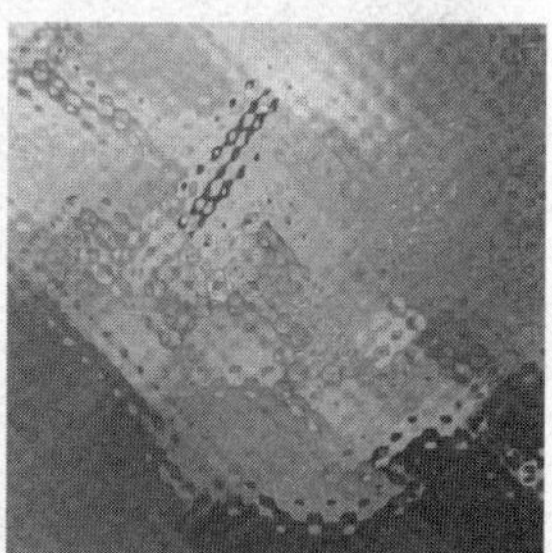

（参见附图 Xps6c-19.tif）

Yps6c-19.tif

6.20 第 20 题

【操作要求】

通过对图像进行滤镜处理，产生砖墙、辐射模糊、水玻浪效果，最终效果参见附图。

1．调出文件 C:\2003PS7\Yps6a-20.tif，对图像进行质地处理，产生砖墙效果，将最终结果以 Xps6a-20.tif 为文件名保存在考生文件夹下。

（参见附图 Xps6a-20.tif）

Yps6a-20.tif

2．调出文件 C:\2003PS7\Yps6b-20.tif，对图像进行辐射模糊处理，产生老鹰快速飞扑过来的效果，将最终结果以 Xps6b-20.tif 为文件名保存在考生文件夹下。

（参见附图 Xps6b-20.tif）

Yps6b-20.tif

3．调出文件 C:\2003PS7\Yps6c-20.tif，对图像的下部分进行水玻浪处理，将最终结果以 Xps6c-20.tif 为文件名保存在考生文件夹下。

（参见附图 Xps6c-20.tif）

Yps6c-20.tif

第七单元　文字效果

7.1　第 1 题

【操作要求】

灯管字效果制作，效果如下图所示。

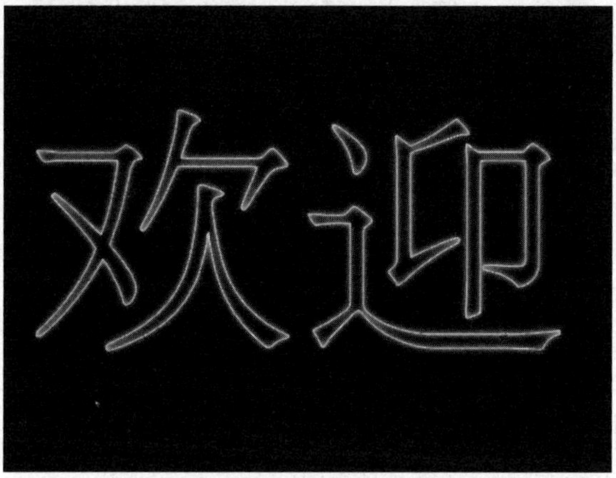

（参见附图 Xps7-01.tif）

1．建一个新文件：16×12 cm、72 Pixels/inch、RGB 模式。

2．制作“欢迎”文字，文字字体任选，文字大小为 160 Pixels。

3．将文字制作成灯管字效果。

4．将最终结果以 Xps7-01.tif 为文件名保存在考生文件夹下。

7.2 第 2 题

【操作要求】

彩色牙膏字效果制作，效果如下图所示。

（参见附图 Xps7-02.tif）

1. 建一个新文件：16×12 cm、72 Pixels/inch、RGB 模式。
2. 制作“Yes”手绘文字，文字大小适中。
3. 将文字制作成彩色牙膏字效果。
4. 将最终结果以 Xps7-02.tif 为文件名保存在考生文件夹下。

7.3 第 3 题

【操作要求】

透明玻璃字效果制作，效果如下图所示。

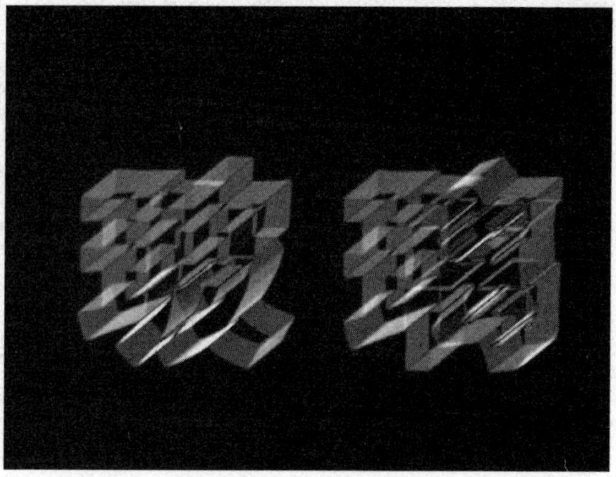

（参见附图 Xps7-03.tif）

1．建一个新文件：16×12 cm、72 Pixels/inch、RGB 模式。
2．植入文字“玻璃”，文字字体任选，文字大小为 160 Pixels。
3．将文字制作成透明玻璃字效果。
4．将最终结果以 Xps7-03.tif 为文件名保存在考生文件夹下。

7.4　第 4 题

【操作要求】

透明金属字效果制作，效果如下图所示。

（参见附图 Xps7-04.tif）

1．建一个新文件：16×12 cm、72 Pixels/inch、RGB 模式。

2．植入白色文字“金属”，文字字体任选，文字大小为 140 Pixels。

3．将文字制作成金属字效果。

4．将最终结果以 Xps7-04.tif 为文件名保存在考生文件夹下。

7.5 第 5 题

【操作要求】

彩色图案字效果制作，效果如下图所示。

（参见附图 Xps7-05.tif）

1．建一个新文件：16×12 cm、72 Pixels/inch、RGB 模式。

2．打开 C:\2003PS7\Yps7-05.tif 文件，植入文字“图案字”，文字字体任选，文字大小 140 Pixels，文字间距 10。

3．将文字制作成图案字效果。

4．将最终结果以 Xps7-05.tif 为文件名保存在考生文件夹下。

7.6 第 6 题

【操作要求】

长刺字效果制作，效果如下所示。

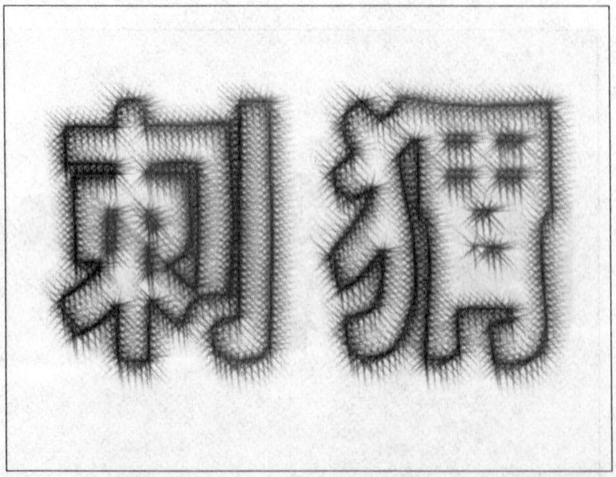

（参见附图 Xps7-06.tif）

1．建一个新文件：16×12 cm、72 Pixels/inch、RGB 模式。

2．植入文字“刺猬”，文字字体为“黑体”，文字大小为 160 Pixels。

3．将文字制作成长刺字的效果

4．将最终结果以 Xps7-06.tif 为文件名保存在考生文件夹下。

7.7 第 7 题

【操作要求】

燃烧字效果制作，效果如下图所示。

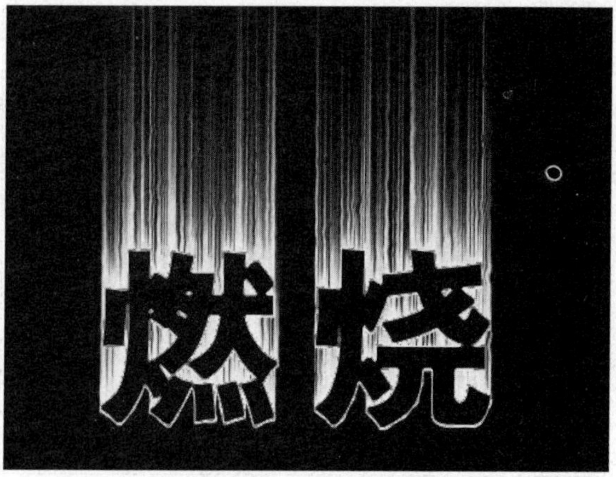

（参见附图 Xps7-07.tif）

1．建一个新文件：16×12 cm、灰度模式、黑色背景。
2．植入文字“燃烧”，文字颜色为白色。
3．将文字制作成燃烧字的效果。
4．将最终结果以 Xps7-07.tif 为文件名保存在考生文件夹下。

7.8 第 8 题

【操作要求】

穿孔字效果制作，效果如下图所示。

（参见附图 Xps7-08.tif）

1．建一个新文件：16×12 cm、RGB 模式、白色背景。

2．植入文字“洞眼”，文字颜色为（R128、G128、B128），文字字体为“黑体”，文字大小为 160 Pixels。

3．将文字制作成穿孔字的效果。

4．将最终结果以 Xps7-08.tif 为文件名保存在考生文件夹下。

7.9　第 9 题

【操作要求】

彩色立体字效果制作，效果如下图所示。

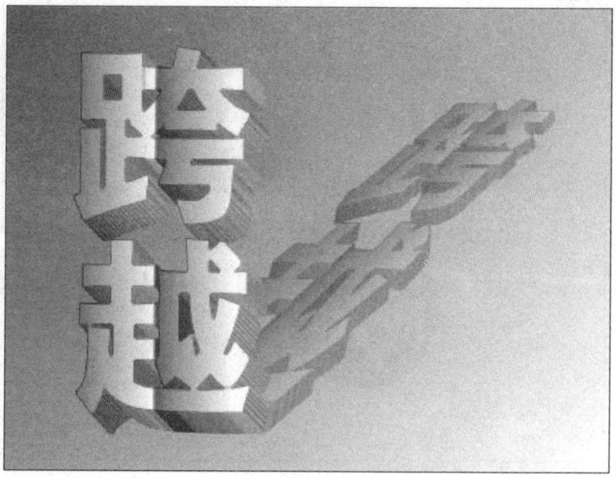

（参见附图 Xps7-09.tif）

1．建一个新文件：16×12 cm、RGB 模式、背景为红与白的渐变色。

2．植入文字“跨越”，文字字体为“黑体”，文字大小为 140 Pixels，竖排，用渐变色填充。

3．将文字制作成彩色立体字效果。

4．将最终结果以 Xps7-09.tif 为文件名保存在考生文件夹下。

7.10 第 10 题

【操作要求】

球体字效果制作，效果如下图所示。

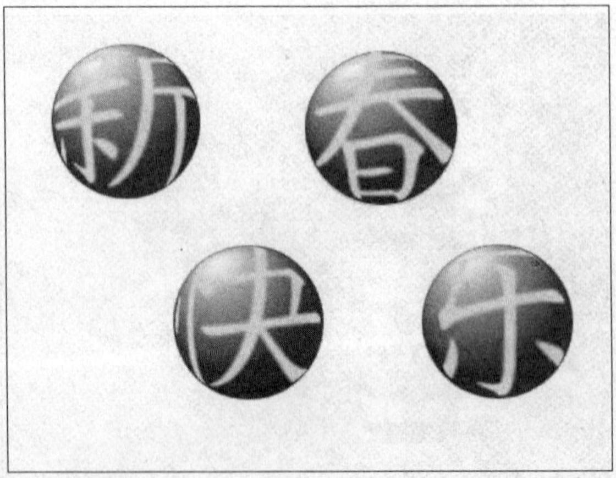

（参见附图 Xps7-10.tif）

1．建一个新文件：16×12 cm、72 Pixels/inch、RGB 模式、白色背景。

2．制作四个圆球，在每个圆球中分别植入文字“新”、“春”、“快”、“乐”。

3．将文字制作成球体字的效果。

4．将最终结果以 Xps7-10.tif 为文件名保存在考生文件夹下。

7.11 第 11 题

【操作要求】

飘动字效果制作，效果如下图所示。

（参见附图 Xps7-11.tif）

1．建一个新文件：16×12 cm、72 Pixels/inch、RGB 模式、白色背景。
2．植入文字“飘动”，文字字体任选，文字大小为 160 Pixels，颜色为纯红。
3．将文字制作成飘动的效果
4．将最终结果以 Xps7-11.tif 为文件名保存在考生文件夹下。

7.12 第 12 题

【操作要求】

鹅卵石效果字的制作，效果如下图所示。

（参见附图 Xps7-12.tif）

1．建一个新文件：16×12 cm、72 Pixels/inch、RGB 模式、白色背景。
2．植入文字“鹅卵石”，文字字体任选，文字大小为 160 Pixels。
3．将文字制作成鹅卵石字的效果。
4．将最终结果以 Xps7-12.tif 为文件名保存在考生文件夹下。

7.13　第 13 题

【操作要求】

彩带效果文字效果，效果如下图所示。

（参见附图 Xps7-13.tif）

1．建一个新文件：16×12 cm、72 Pixels/inch、RGB 模式、白色背景。

2．建新层，植入黑色文字“彩带字”，文字字体任选，文字大小为 60 Pixels，将文字定义为新笔刷。

3．将文字制作成彩带字的效果

4．将最终结果以 Xps7-13.tif 为文件名保存在考生文件夹下。

7.14 第 14 题

【操作要求】

象形文字效果制作，效果如下图所示。

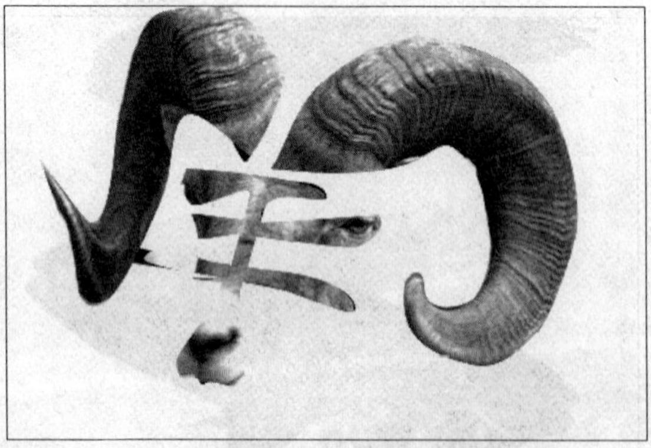

（参见附图 Xps7-14.tif）

1．调出 C:\2003PS7\Yps7-14.tif 文件，如下图所示。

Yps7-14.tif

2．制作一个“羊”的文字层，将文字“羊”转换、变形，使之与图像中的羊头形状相似，并填充黑色。

3．将文字层与背景层合成，制作成象形文字的效果。

4．将最终结果以 Xps7-14.tif 为文件名保存在考生文件夹下。

7.15 第 15 题

【操作要求】

文字的发光效果，最终效果如下图所示。

（参见附图 Xps7-15.tif）

1．调出文件 C:\2003PS7\Yps7a-15.tif 和 C:\2003PS7\Yps7b-15.tif，分别如下图所示。

Yps7a-15.tif

Yps7b-15.tif

2．将 Yps8a-15.tif 中的部分图像填充到整个画布中，并将图像大小调至合适尺寸（宽度、高度大概分别为 16 cm 和 12 cm）。

3．置入文字“2008”，并将 Yps7b-15.tif 中花的图像复制到文字内。经过最后的处理做出发光的文字效果。

4．将最终结果以 Xps7-15.tif 为文件名保存在考生文件夹下。

7.16 第 16 题

【操作要求】

水中倒影字效果制作，效果如下图所示。

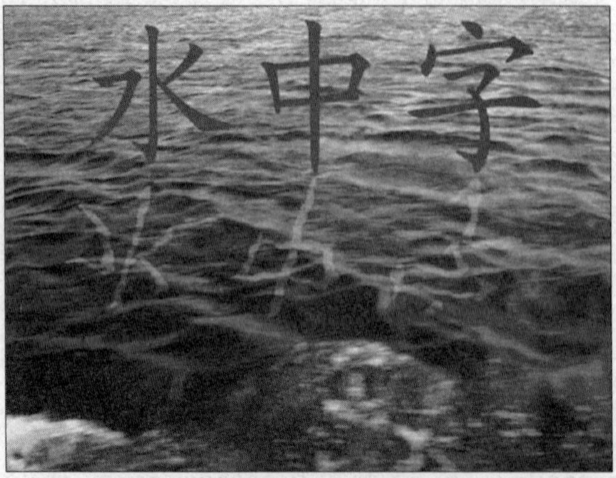

（参见附图 Xps7-16.tif）

1．调出 C:\2003PS7\Yps7-16.tif 文件，如下图所示。

Yps7-16.tif

2．植入文字“水中字”，文字字体任选，颜色为纯红色，文字大小为 120 Pixels。

3．将文字制作成水中倒影字的效果。

4．将最终结果以 Xps7-16.tif 为文件名保存在考生文件夹下。

7.17　第 17 题

【操作要求】

桌面反光倒影字效果制作，效果如下图所示。

（参见附图 Xps7-16.tif）

1．调出 C:\2003PS7\Yps7-17.tif 文件，如下图所示。

Yps7-17.tif

2．植入文字“倒影”，文字字体任选，颜色为纯蓝色，文字大小为 80 Pixels。

3．先将文字作立体效果处理，然后将文字作成桌面反光倒影效果。

4．将最终结果以 Xps7-17.tif 为文件名保存在考生文件夹下。

7.18 第 18 题

【操作要求】

卷曲字效果制作，如下图所示。

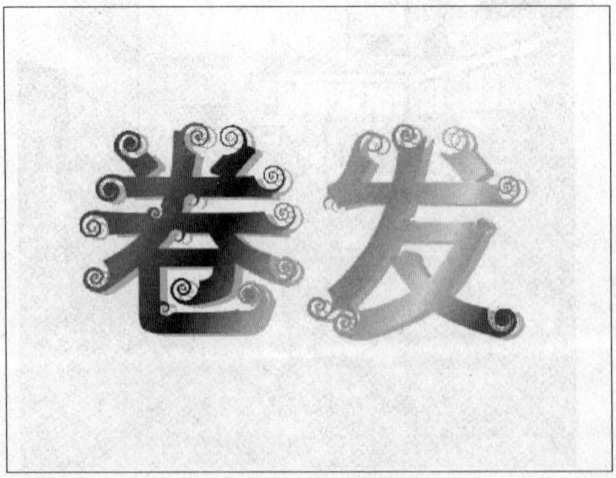

（参见附图 Xps7-18.tif）

1．建一个新文件：16×12 cm、72 Pixels/Inch、RGB 模式、白色背景。

2．植入文字“卷发”，文字字体为“黑体”，文字大小为 160 Pixels，对文字作渐变色处理。

3．将文字制作成卷曲字效果，并将文字作阴影处理。

4．将最终结果以 Xps7-18.tif 为文件名保存在考生文件夹下。

7.19 第 19 题

【操作要求】

自由落体字效果制作，效果如下图所示。

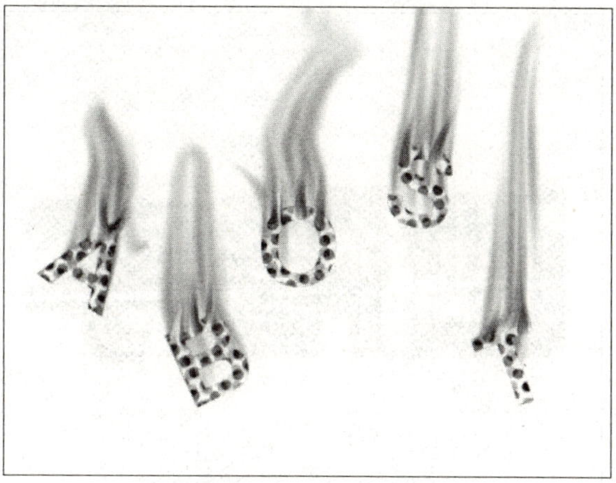

（参见附图 Xps7-19.tif）

1．建一个新文件：16×12 cm、72 Pixels/Inch、RGB 模式、白色背景。

2．植入文字“ABOST”，文字字体任选，文字大小为 60 Pixels，将文字用灰白渐变色填充，用 Color Halftone 效果滤镜处理文字，并对各字母作随意转动，复制一层。

3．将文字制作成自由落体的效果。

4．将最终结果以 Xps7-19.tif 为文件名保存在考生文件夹下。

7.20 第 20 题

【操作要求】

凹陷效果文字制作，效果如下图所示。

（参见附图 Xps7-20.tif）

1．调出 C:\2003PS7\Yps8a-08.tif 文件，如下图所示。

Yps8a-08.tif

2．植入文字“凹陷字”，文字字体为“黑体”，文字大小为 160 Pixels。

3．利用通道计算，将文字制作成凹陷字效果。

4．将最终结果以 Xps7-20.tif 为文件名保存在考生文件夹下。

第八单元　图像综合技法

8.1　第 1 题

【操作要求】

通过对两图像的综合处理，制作出透过玻璃看到人像的效果，最终效果如下图所示。

（参见附图 Xps8-01.tif）

1．调出文件 C:\2003PS7\Yps8a-01.tif，将额头的红线除去，要尽量不留修改痕迹。

2．调出文件 C:\2003PS7\Yps8b-01.tif，将 Yps8a-01.tif 图像粘贴到窗户里面。

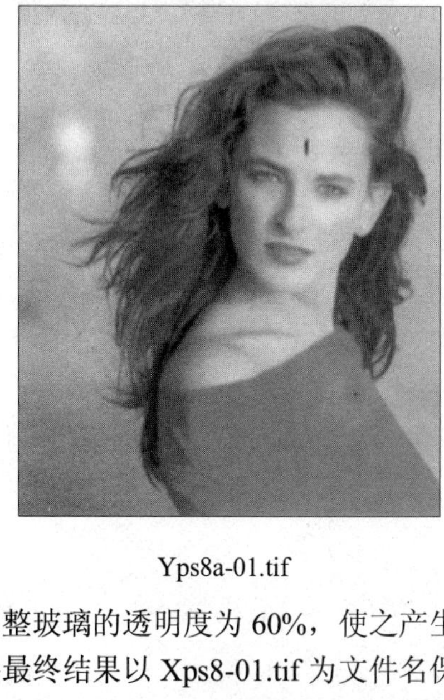

Yps8a-01.tif

Yps8b-01.tif

3．调整玻璃的透明度为 60%，使之产生透过玻璃看到人像的效果。

4．将最终结果以 Xps8-01.tif 为文件名保存在考生文件夹下。

8.2　第 2 题

【操作要求】

通过对两图像的综合处理，制作出立体墙面的效果，最终效果如下图所示。

（参见附图 Xps8-02.tif）

1．分别调出文件 C:\2003PS7\Yps8a-02.tif 和 C:\2003PS7\Yps8b-02.jpg，将 Yps8b-02.jpg 全图作图案填充，并进行图像调整。

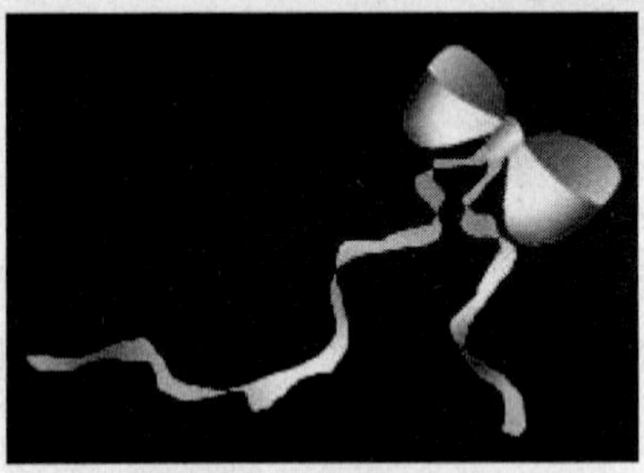

Yps8a-02.tif

Yps8b-02.jpg

2．对图像进行透视等变换，做出礼品盒的效果。

3．植入文字“Happy Birthday”，并做立体效果。

4．将最终结果以 Xps8-02.tif 为文件名保存在考生文件夹下。

8.3 第 3 题

【操作要求】

通过特技处理制作出水中花的效果，最终效果如下图所示。

（参见附图 Xps8-03.tif）

1．建一个新文件：16×12 cm、72 pixels/inch、RGB 模式。

2．通过相应的命令制作出水中的涟漪效果。打开文件 C:\2003PS7\Yps8-03.jpg（如下图所示），并将花的图像选择复制到新的文件中，做出花的倒影和摇曳效果。

3．通过图层样式制作出水滴效果。

Yps8-03.jpg

4．将最终结果以 Xps8-03.tif 为文件名保存在考生文件夹下。

8.4 第 4 题

【操作要求】

通过对纹理等常用工具的处理，制作出书签的效果，最终效果如下图所示。

（参见附图 Xps8-04.tif）

1．建一个新文件：4×10 cm、72 pixels/inch、RGB 模式、背景为白色。

2．做出书签的纹理及边缘的锯齿效果。输入相应的文字，将文字摆放在合适的位置中并给文字做不同的修饰效果。

3．打开文件 C:\2003PS7\Yps8-04.tif（如下图所示），将花复制到新文件中，并将花复制一份调成洋红色放在合适位置处，给书签制作阴影效果。

Yps8-04.tif

4．将最终结果以 Xps8-04.tif 名称保存在考生文件夹下。

8.5　第 5 题

【操作要求】

通过对图像的特技处理，产生连续动作的效果，最终效果如下图所示。

（参见附图 Xps8-05.tif）

1．调出文件 C:\2003PS7\Yps8-05.psd，如下图所示，并将背景置换成白色。

Yps8-05.psd

2．做出小女孩在荡秋千的动态效果。

3．要求最后结果是一个单层文件。

4．将最终结果以 Xps8-05.tif 为文件名保存在考生文件夹下。

8.6　第 6 题

【操作要求】

通过对图像的特技处理，制作出秋风落叶的效果，最终效果如下图所示。

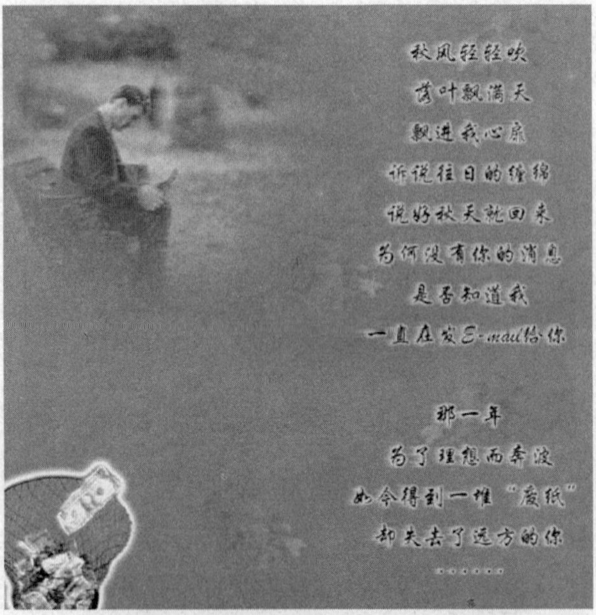

（参见附图 Xps8-06.tif）

1．建一个新文件：16×16 cm、72 pixels/inch、RGB 模式、背景为白色。

2．调出文件 C:\2003PS7\Yps8a-06.tif 和 C:\2003PS7\Yps8b-06.tif（分别如下图所示），并分别选择图像进行复制，放置在新文件的相应位置中进行相应的处理。

Yps8a-06.tif

Yps8b-06.tif

3．输入相应的文字，并给文字制作发光的吹风效果。

4．将最终结果以 Xps8-06.tif 为文件名保存在考生文件夹下。

8.7　第 7 题

【操作要求】

通过对图像的特技处理，制作出车的效果，最终效果如下图所示。

（参见附图 Xps8-07.tif）

1．建一个新文件：16×12 cm、72 pixels/inch、RGB 模式、淡蓝色背景。

2．调出文件 C:\2003PS7\Yps8a-07.gif、C:\2003PS7\Yps8b-07.jpg、C:\2003PS7\Yps8c-07.jpg、C:\2003PS7\Yps8d-07.jpg 和 C:\2003PS7\Yps8e-07.jpg（分别如下图所示），将部分图像复制到新文件中。

Yps8a-07.gif

Yps8b-07.jpg

Yps8c-07.jpg

Yps8d-07.jpg

Yps8e-07.jpg

3．输入文字并制作发光效果，给车及人物图像做出相应的发光效果。

4．将最终结果以 Xps8-07.tif 为文件名保存在考生文件夹下。

8.8 第 8 题

【操作要求】

通过对图像的特技处理，产生木雕图案的效果，最终效果如下图所示。

（参见附图 Xps8-08.tif）

1．分别调出文件 C:\2003PS7\Yps8a-08.tif 和 C:\2003PS7\Yps8b-08.tif，如下图所示。

Yps8a-08.tif

Yps8b-08.tif

2．通过通道计算，产生木雕花纹的效果。

3．设置适当的灯光效果。

4．将最终结果以 Xps8-08.tif 为文件名保存在考生文件夹下。

8.9　第 9 题

【操作要求】

通过对图像的特技处理，产生狮身人面像的效果，最终效果如下图所示。

（参见附图 Xps8-09.tif）

1．分别调出文件 C:\2003PS7\Yps8a-09.tif 和 C:\2003PS7\Yps8b-09.tif，如下图所示。

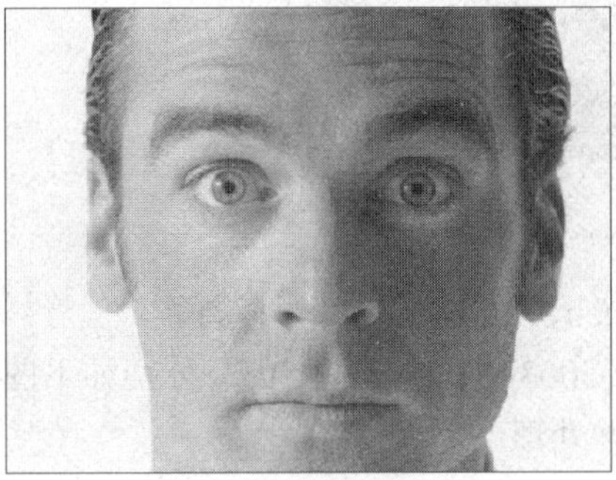

Yps8a-09.tif

Yps8b-09.tif

2．调整人头像的大小、形状和位置。

3．将人头像与狮子图像合成，做出狮身人面像的效果。

4．将最终结果以 Xps8-09.tif 为文件名保存在考生文件夹下。

8.10 第 10 题

【操作要求】

通过对图像的特技处理，制作出以下台历的效果，最终效果如下图所示。

（参见附图 Xps8-10.tif）

1．建一个新文件：20×26 cm、72 pixels/inch、RGB 模式、黑色背景。

2．调出文件 C:\2003PS7\Yps8a-10.tif 和 C:\2003PS7\Yps8b-10.tif（分别如下图所示），将图像复制到新文件中，对鱼的图像进行复制并处理。

Yps8a-10.tif　　Yps8b-10.tif

3．制作出标志的效果，并输入文字，给文字制作相应的效果。

4．将最终结果以 Xps8-10.tif 为文件名保存在考生文件夹下。

8.11 第 11 题

【操作要求】

通过对图像的特技处理，产生羊头虎身效果，最终效果如下图所示。

（参见附图 Xps8-11.tif）

1．分别调出文件 C:\2003PS7\Yps8a-11.tif 和 C:\2003PS7\Yps8b-11.tif，如下图所示。

Yps8a-11.tif

Yps8b-11.tif

2．通过选定、剪贴等处理，做出羊头虎身像的效果。

3．要求最后结果是一个单层文件。

4．将最终结果以 Xps8-11.tif 为文件名保存在考生文件夹下。

8.12 第 12 题

【操作要求】

通过对图像的特技处理，制作出马路及草坪的效果，最终效果如下图所示。

（参见附图 Xps8-12.tif）

1．建一个新文件：13×17 cm、72 pixels/inch、RGB 模式。

2．调出文件 C:\2003PS7\Yps8a-12.tif、C:\2003PS7\Yps8b-12.gif 和 C:\2003PS7\ Yps8c-12.tif（分别如下图所示），并复制图像。

Yps8a-12.tif

Yps8b-12.gif

Yps8c-12.tif

3．通过对图层效果等处理，做出马路及草坪的效果。

4．将最终结果以 Xps8-12.tif 为文件名保存在考生文件夹下。

8.13 第 13 题

【操作要求】

通过对图像的特技处理，产生空中楼阁的效果，最终效果如下图所示。

（参见附图 Xps8-13.tif）

1．分别调出文件 C:\2003PS7\Yps8a-13.tif 和 C:\2003PS7\Yps8b-13.tif，如下图所示。

Yps8a-13.tif

Yps8b-13.tif

2．通过对层的合成处理，做出空中楼阁的梦幻效果。

3．要求最后结果是一个单层文件。

4．将最终结果以 Xps8-13.tif 为文件名保存在考生文件夹下。

8.14 第 14 题

【操作要求】

通过对图像的特技处理，产生图像融合的创意效果，最终效果如下图所示。

（参见附图 Xps8-14.tif）

1．分别调出文件 C:\2003PS7\Yps8a-14.tif 和 C:\2003PS7\Yps8b-14.tif，如下图所示。

Yps8a-14.tif

Yps8b-14.tif

2．通过调整、层的蒙板等手法，做出局部图像融合的效果。

3．要求最后结果是一个单层文件。

4．将最终结果以 Xps8-14.tif 为文件名保存在考生文件夹下。

8.15　第 15 题

【操作要求】

通过对图像的特技处理，产生天体通道的创意效果，最终效果如下图所示。

（参见附图 Xps8-15.tif）

1．分别调出文件 C:\2003PS7\Yps8b-13.tif、C:\2003PS7\Yps8a-15.tif 和 C:\2003PS7\Yps8b-15.tif，如下图所示。

Yps8b-13.tif

Yps8a-15.tif

Yps8b-15.tif

2．通过对层的处理，将各原图或其局部进行合成，产生天体通道的效果。

3．要求最后结果是一个单层文件。

4．将最终结果以 Xps8-15.tif 为文件名保存在考生文件夹下。

8.16　第 16 题

【操作要求】

通过对图像的特技处理，产生机器大象的创意效果，最终效果如下图所示。

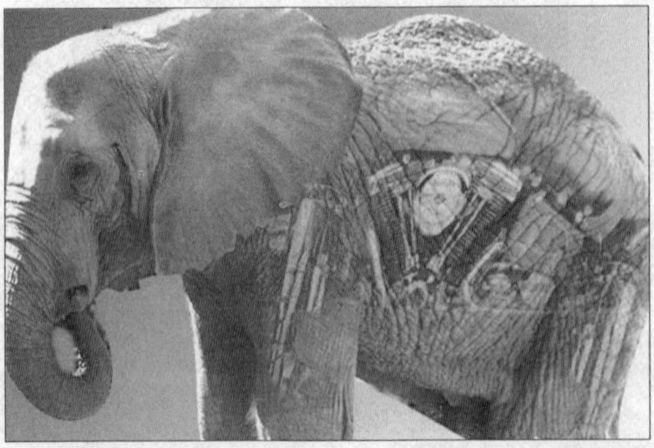

（参见附图 Xps8-16.tif）

1．分别调出文件 C:\2003PS7\Yps8a-16.tif 和 C:\2003PS7\Yps8b-16.tif，如下图所示。

Yps8a-16.tif

Yps8b-16.tif

2．通过层的合成处理，做出大象的内脏由摩托车配件构成的效果。

3．要求最后结果是一个单层文件。

4．将最终结果以 Xps8-16.tif 为文件名保存在考生文件夹下。

8.17　第 17 题

【操作要求】

通过对图像的特技处理，制作出以下立体环绕的效果，最终效果如下图所示。

（参见附图 Xps8-17.tif）

1．建一个新文件：16×12cm、72 pixels/inch、RGB 模式、背景为深蓝色（R41、G36、B113）。

2．通过相应的命令制作出立体形状，并处理好各侧面的色彩及亮度。

3．制作环形的效果，并围绕立体形状。

4．将最终结果以 Xps8-17.tif 为文件名保存在考生文件夹下。

8.18　第 18 题

【操作要求】

通过对图像的特技处理，产生老虎奔跑的动感效果，最终效果如下图所示。

（参见附图 Xps8-18.tif）

1. 分别调出文件 C:\2003PS7\Yps8a-18.tif 和 C:\2003PS7\Yps8b-18.tif，如下图所示。

Yps8a-18.tif

Yps8b-18.tif

2. 通过对背景的模糊处理，产生老虎狂奔的动感效果。
3. 要求最后结果是一个单层文件。
4. 将最终结果以 Xps8-18.tif 为文件名保存在考生文件夹下。

8.19 第 19 题

【操作要求】

通过对图像的特技处理，产生沙漠中的海市蜃楼效果，最终效果如下图所示。

（参见附图 Xps8-19.tif）

1．分别调出文件 C:\2003PS7\Yps8a-19.tif 和 C:\2003PS7\Yps8b-19.tif，如下图所示。

Yps8a-19.tif

Yps8b-19.tif

2．通过对层的融合处理，做出一种沙漠中海市蜃楼效果。

3．要求最后结果是一个单层文件。

4．将最终结果以 Xps8-19.tif 为文件名保存在考生文件夹下。

8.20 第 20 题

【操作要求】

通过对图像的特技处理，产生大海中的海市蜃楼效果，最终效果如下图所示。

（参见附图 Xps8-20.tif）

1．分别调出文件 C:\2003PS7\Yps8a-20.tif 和 C:\2003PS7\Yps8b-20.tif，如下图所示。

Yps8a-20.tif

Yps8b-20.tif

2．通过对层的融合处理，做出一种大海中的海市蜃楼效果。

3．要求最后结果是一个单层文件。

4．将最终结果以 Xps8-20.tif 为文件名保存在考生文件夹下。